高等职业教育
新形态教材

黄茂坤　洪燕婷　主编

Leisure Food Processing Technology

化学工业出版社
·北京·

内容简介

《休闲食品加工技术》一书以满足休闲食品生产岗位需要为中心，主要介绍了休闲食品的加工方法，引入食品行业的新技术、新工艺、新产品，甄选时下市场热卖、年轻人喜欢且有共鸣的时尚零食。教材内容按原料划分，涵盖谷物类休闲食品、薯类休闲食品、果蔬类休闲食品、肉类休闲食品、乳类休闲食品、豆类休闲食品、坚果与籽类休闲食品、糖果类休闲食品、果冻类休闲食品、海洋类休闲食品等模块，具体包括其生产工艺、加工技术及制作要点，并融合创新创业教育，独立设立休闲食品创新设计模块。

本教材以"能力本位、精准指导"为原则，基于工作过程，采用理论与实践紧密嵌套方式，按照"模块—项目—任务"形式设计。教材内容丰富、形式多样、易于操作，包含课程思政项目、前沿动态案例、生产基础理论知识、典型休闲食品制作实训指导、创意休闲食品研制、模块测试、实训报告等多样化的学习资料，并精选部分优质资料，以链接方式满足学生移动阅读需求。

本书可作为全国高等职业院校和中等职业院校食品类及相关专业的教材，也可作为从事食品科学相关研究、休闲食品生产技术人员和家庭制作休闲食品时的参考书。

图书在版编目（CIP）数据

休闲食品加工技术/黄茂坤，洪燕婷主编．—北京：化学工业出版社，2024.3(2025.2重印)

高等职业教育新形态教材

ISBN 978-7-122-44760-9

Ⅰ.①休… Ⅱ.①黄…②洪… Ⅲ.①小食品-食品加工-高等职业教育-教材 Ⅳ.①TS205

中国国家版本馆CIP数据核字（2024）第022063号

责任编辑：卢萌萌 陆雄鹰 刘兴春 文字编辑：王云霞
责任校对：田睿涵 装帧设计：史利平

出版发行：化学工业出版社
（北京市东城区青年湖南街13号 邮政编码100011）
印 装：涿州市般润文化传播有限公司
787mm×1092mm 1/16 印张16¼ 字数400千字
2025年2月北京第1版第3次印刷

购书咨询：010-64518888 售后服务：010-64518899
网 址：http://www.cip.com.cn
凡购买本书，如有缺损质量问题，本社销售中心负责调换。

定 价：68.00元

《休闲食品加工技术》

编写人员名单

主　编：黄茂坤　洪燕婷

副主编：王文成　钟建业　范国智

编　者：颜阿娜　王　琳　陈悦馨　吴志亮

模块一卡通人物设计：陈琼钰

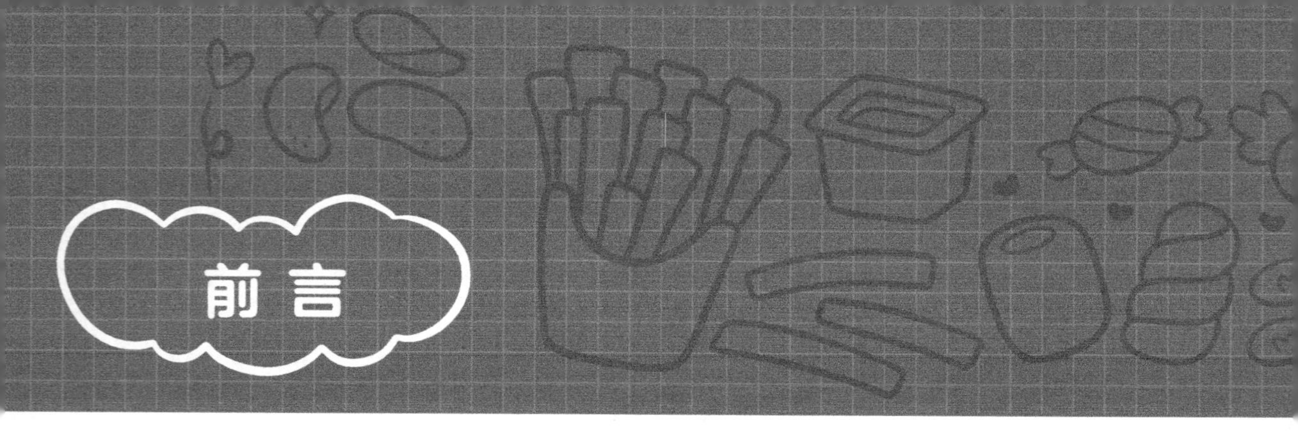

随着人们生活水平和消费需求的日益提升，休闲食品作为人们闲暇、休息、放松时刻食用的食品，种类越来越丰富，而且不断向营养化、健康化、文化化、时尚化、创意化的方向发展，正在逐渐成为人们日常生活中的必备品，渗透到人们生活的方方面面。休闲食品产业已经发展成为现代食品工业的重要组成部分，作为食品类专业学生，有必要学习休闲食品生产制造相关的知识和技能，以更好地适应食品产业升级发展对复合型、综合型技术技能人才的要求。

本书基于黎明职业大学“十四五”校企共建项目，由黎明职业大学组织编写，是面向职业教育的食品类专业教材，可供职业院校食品类专业学生使用，也可作为从事食品科学相关研究及生产技术人员的参考书。全书内容共分十二个模块，模块一主要介绍休闲食品生产职业与生活；模块二主要介绍谷物类休闲食品加工技术；模块三主要介绍薯类休闲食品加工技术；模块四主要介绍果蔬类休闲食品加工技术；模块五主要介绍肉类休闲食品加工技术；模块六主要介绍乳类休闲食品加工技术；模块七主要介绍豆类休闲食品加工技术；模块八主要介绍坚果与籽类休闲食品加工技术；模块九主要介绍糖果类休闲食品加工技术；模块十主要介绍果冻类休闲食品加工技术；模块十一主要介绍海洋类休闲食品加工技术；模块十二主要介绍休闲食品创新设计方面的内容。每个模块除教学内容外，还配套习题、文档资料、视频等学习资源，以帮助学生自我学习提升。

本书内容丰富，注重实用性，积极采用理实一体化、活页式立体化工作手册等形式呈现教材内容，注重语言的通俗性和内容的与时俱进。在编写过程中，始终从学习者的角度出发，积极引导学习者独立思考，注重学习者分析问题和解决问题能力的培养。

本书由黎明职业大学黄茂坤、洪燕婷担任主编，由漳州职业技术学院王文成、晋江市晋兴职业中专学校钟建业、福建盼盼食品有限公司范国智担任副主编，参编人员有黎明职业大学颜阿娜、王琳、陈悦馨和漳州职业技术学院吴志亮。全书编写分工为：黄茂坤负责全书的整体设计、统稿、校稿工作，以及前言，内容简介，模块二课程思政、项目一、项目二任务四五、项目三、拓展阅读、参考文献，模块八课程思政、项目一，模块十一课程思政、项目一、项目二的编写；洪燕婷负责全书的大纲设计、校稿，以及模块一，模块三，模块五，模块四项目一任务二、项目二任务四五、拓展阅读和参考文献的编写；王文成负责全书数字资源的规整及模块四课程思政、项目一任务一、项目三的编写；钟建业负责全书数字资源的审核、校订及模块二项目二任务一二三的编写；范国智负责全书生产性实训相关表格的设计与编写；颜阿娜负责模块六，模块七，模块十二任务一的编写；王琳负责模块九，模块十，模块十二任务二三、拓展阅读、参考文献的编写；陈悦馨负责模块八项目二、项目三、拓展阅读、参考文献，模块十一项目三、拓展阅读、参考文献的编写；吴志亮负责模块四项目二任务一二三的编写。

本书的完成得到了行业、企业、兄弟院校众多专家的支持与指点，在此致以衷心的感谢！本书编写过程中参考了国内外文献资料及相关网站上的资料，在此向这些资料的作者们表示感谢！

休闲食品加工技术是一门实用性、时效性比较强的专业课程，涉及内容多，产品品类范围广，配套技术更新迭代较快。限于编者水平及编写时间，书中存在不足和疏漏之处在所难免，敬请读者提出修改建议。

编者

目录

模块八　坚果与籽类休闲食品加工技术 157

模块九　糖果类休闲食品加工技术 176

模块一 休闲食品生产职业与生活

项目一 认识车间（休闲食品加工实训室）

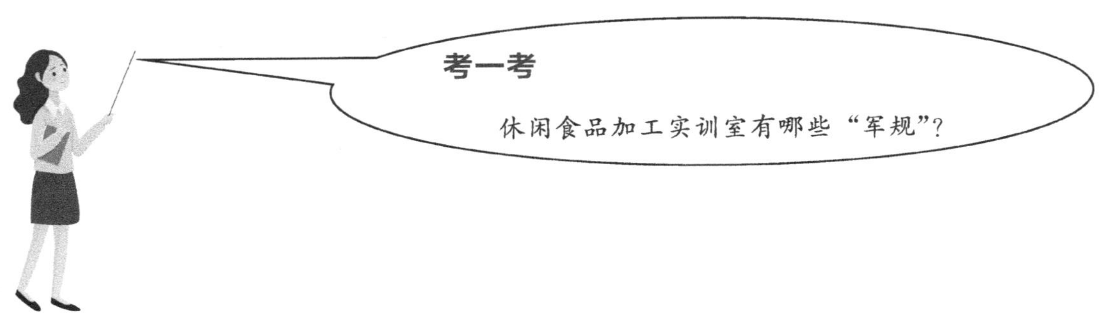

1. 实训前必须做好预习，了解实训目标和任务，熟悉实训方法和相关注意事项，并制订详尽的计划和方案，以保证实训任务顺利完成。

2. 准时进入实训室，不得无故迟到、早退、旷课。

3. 进入实训室后，应注意安全、卫生，不喧哗打闹，不抽烟，不乱写乱画乱扔纸屑，不随地吐痰，不擅自乱动仪器设备；实训过程中按规程操作设备，如有因个人未规范操作而导致损坏设备者要照价赔偿。

4. 实训时应严格遵守操作步骤和注意事项，设备操作期间实训人员不离开设备现场，若遇仪器设备发生故障，应立即向老师报告，及时检查，待排除故障后才能继续实训。

5. 实训时要严格遵守实训及实训室管理的规定和制度，不得将实训室的工具、仪器、材料等物品携带出实训室。

6. 实训过程中，同组同学应合理分工、相互配合，操作中应能进行理论联系实际的思考，认真如实记录实训现象和结果。

7. 实训结束后，应将所使用的仪器设备等整理复原，工位擦拭干净，材料归位，垃圾分类处理；检查水源、电源、气源是否已确实关断；协助做好实训室的清洁卫生工作，离开实训室前关闭门窗，做好使用实训室情况登记。

议一议

1. 为了保障实训安全顺利开展，进入休闲食品加工实训室前要做好哪些准备工作？

2. 在休闲食品加工实训室开展实训过程中有哪些注意事项？

3. 实训结束后，要做好哪些检查事务才能离开实训室？

项目二　认识食品从业人员职业道德要求

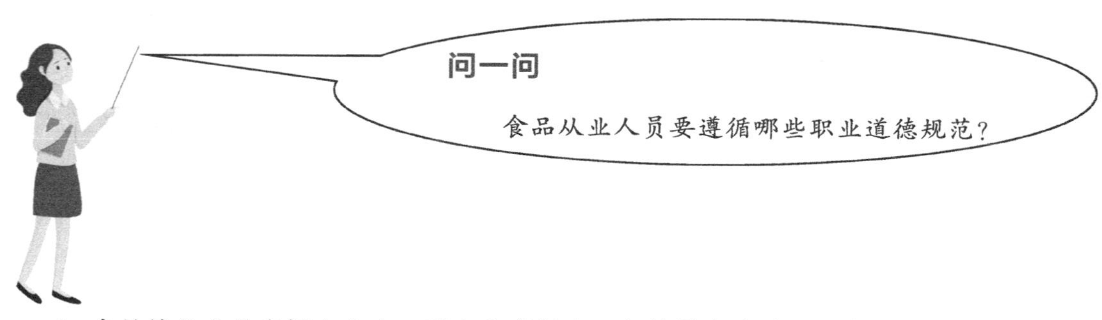

1. 食品从业人员应树立良心、爱心和责任心，坚持做安全放心的食品。

2. 遵守国家法律、法规和所在单位的各项规章制度。

3. 认真负责，严于律己，不骄不躁，吃苦耐劳，勇于开拓。

4. 刻苦学习，钻研业务，提高技能，精益求精，努力提高思想认识、科学文化素养、职业核心能力。

5. 爱岗敬业，团结友爱，协调配合，顾全大局。

6. 诚实守信，树立“生命至上、安全为先、合法获利、取之有道”的良好道德风气。

7. 树立安全质量第一的意识，养成良好的卫生习惯，严格遵守卫生操作规程。

议一议

1. 谈谈你对食品从业人员的职业道德规范的认识，详细列出想补充的职业道德规范要点。

2. 谈谈如何树立良好的职业道德规范。

3. 谈谈职业道德规范对个人职业生涯、行业和企业发展有何积极意义。

项目三 认识食品安全与卫生

数一数

食品从业人员的个人卫生要求有哪几条？

1. 凡患有痢疾、伤寒、病毒性肝炎、消化道传染病、活动性肺结核、皮肤病及其他有碍食品卫生的疾病的人员，不得从事直接接触入口食品的工作。

2. 进入食品生产加工场所应穿好工作服，戴好工作帽，扣好衣服上所有的扣子，头发不外露，参与制、售直接入口食品的工作时应戴口罩。

3. 注意个人卫生，勤洗工作服，不能留长指甲，不能披散长发，不能穿拖鞋、短裤和短裙进入食品生产加工实训室。

4. 不允许戴任何首饰（耳环、戒指、项链、手镯等）进行食品加工实训操作，操作前要洗手，严格遵守卫生操作规范。

议一议

1. 食品从业人员健康证有效期是多久？

2. 进入食品生产加工场所如何正确佩戴工作帽？

3. 食品加工实训后能否穿工作服出实训室？为什么？

4. 为什么在食品加工操作中要禁止佩戴首饰？

5. 食品加工操作前如何正确洗手？

查一查

《中华人民共和国食品安全法》是从什么时候开始实施的？

你讲我说

1. 在实训室如何安全用电？
2. 在实训室如何安全用水？
3. 在实训室如何安全用气？

高手支招

食品原料如何储存才安全？

1. 根据原料的种类、特性等分类，选择合适的温度和湿度分区分类固定存放，并做好记录，密切关注食品原料的失效期，遵循“先进先出”的储藏原则，一旦发现有霉变、虫蛀、异味等异常情况时，应立即处理。

2. 果蔬、鸡蛋、牛奶、奶油等不能放入冷冻区（−18℃），只需放入冷藏区（0～4℃）。注意不同食品原料冷藏期不同，保证在期限内使用。

3. 普通油脂、面粉、坚果、豆类、糖、盐、醋等可常温储存，注明日期，合理分类和存放，并做好虫害和鼠害的防范。

4. 肉类、水产类等需冷藏或冻藏，冷冻可以获得较长储藏期，但并不是无限期。一般食品冷冻储藏期为3～6个月，保证在期限内食用。

如何处理烫伤和刀伤？

小贴士

实训室有配备药箱，如果被烫伤，应立即用凉水冲洗20～30min，若面积较大，用干净软布覆盖，及时就医。如果发生轻微刀伤，立刻清洗伤口及其周围皮肤，并清除伤口上的异物与脏物，用碘伏擦拭伤口及周围皮肤，再用创可贴包好。伤情严重程度超过自己处理能力时，应立即报告老师，及时到校医务室或最近医院及时就诊处理。

项目四 休闲食品生产作业指导

任务一 学习食品生产操作人员的卫生管理

1. 进入食品加工实训室，必须先经过卫生培训后方可上岗操作实训。

2. 保持良好的个人卫生习惯。

3. 操作人员进入食品加工实训室必须换鞋、更衣、洗手。

（1）洗手必须用洗手液洗净，用清水冲洗30s。

（2）在消毒池中用消毒液浸泡15s。

（3）在烘手器下烘干手。

4. 进入食品加工实训室必须戴帽、口罩操作，头发不能外露，所戴口罩必须罩住口、鼻。

5. 不能化妆，不能佩戴金银及各种首饰进入食品加工实训室。

6. 勤剪指甲，指甲中不能留有污垢。

7. 不能在食品加工实训室内吸烟，不能光着脚、裸露胳膊进入实训室。

8. 严禁穿戴工作服、鞋、帽走出食品加工实训室。出食品加工实训室上厕所必须按卫生规定更衣、换鞋。更衣、换鞋、洗手、消毒后方可重新进入实训室。

9. 不能在食品加工实训室内吐痰、吃零食和喧哗。

10. 各区域物料不能随便混合，特别是高清洁物料与低清洁物料不能随便置换。

任务二 熟悉工作服、鞋、帽的管理

1. 工作服、鞋、帽必须保持干净、整洁。每个项目完成后清洗一次，晾干后放入更衣室用紫外线杀菌30min。

2. 工作服、鞋、帽平时置放在实训室衣柜，进入食品生产实训室前先按要求着装。

3. 保持鞋的清洁卫生，每天进实训室前消毒一次。

任务三　学习食品添加剂的科学使用

1. 选择使用的食品添加剂，必须符合国家卫生标准和安全标准。

2. 购入食品添加剂时，应当向供应商索取卫生许可证复印件和产品检验合格证明，经检验合格后才能入库。购入的食品添加剂入库后，有专柜、专架，定位存放，不得与非食用产品或有毒有害物品混放。

3. 教学需要采购的食品添加剂只限于专业学生实训使用，并有使用记录，其添加量不得超出国家的限量标准。如变动时，食品添加剂的使用必须符合《食品安全国家标准　食品添加剂使用标准》（GB 2760—2024）或食品卫生相关部门公告名单规定的品种及其使用范围、使用量。

4. 教学使用的食品添加剂应在保质期内，如果超出保质期未使用完的，应作报损处理。

5. 食品添加剂应在食品标签中明示。

任务四　学习消毒剂的选择与使用

一、消毒剂的选择

1. 选择的消毒剂，必须具有省级及以上卫生部门颁发的用于食品级消毒剂制造和生产的许可证明，且为高效、安全、健康、快捷的消毒剂。

2. 选择消毒剂时要注意安全，要无致癌、致畸、致突变性，选择符合国家标准的安全消毒剂。

3. 选用能彻底杀灭各种细菌繁殖体、细菌芽孢、真菌和灭活病毒，且不易产生耐药性的消毒剂。

4. 一定要选用适用于饮用纯净水的消毒剂，适用于学校食品加工实训室使用实际的消毒剂。

5. 为了实训管理的采购方便，选用可长期使用的消毒剂，一般保质期半年以上不得变质。

二、消毒剂的使用

1. 消毒剂的使用场所是实训室地面、更衣室、工作台等。

2. 根据当天的实训计划领取相应规格、数量的消毒剂放置于更衣室旁的消毒池。

任务五　学习设备设施的清洗消毒

1. 每个项目所有的实训操作工作完成后，进行设备设施的清洗和消毒工作。

2. 固定设备用餐具洗涤剂清洗干净并用毛巾擦干。

3. 实训操作所用工具用餐具洗涤剂清洗干净，擦干，消毒30min，备用。

4. 清点器皿、工具数量，消毒时不能有遗漏。

5. 设备实行专管人员定期维护。

任务六　学习工作台面、工作间地面的清洗

1. 每次实训教学项目操作结束后立即清洁工作台面和工作间地面，每天实训教学结束后消毒一次。

2. 废弃物放入有盖子的密闭专用废弃物桶，值日生负责当天清理实训现场。

3. 每项生料初加工做完后立即清扫台面和地面。

4. 每天课后打扫工作台和地面。

5. 每天课后要对所有工作场所全面清毒。

6. 各组人员负责所在工位的卫生工作，项目完成后器皿清洁并摆放整齐，工作台擦洗收拾干净，公共卫生由值日生轮值。

拓展阅读

休闲食品行业的现状与发展

休闲食品是为人们在空闲时间提供食用的食品，是快速消费品中重要的组成部分。休闲食品方便携带与食用，深得人们的喜爱。随着我国国民经济持续稳健快速增长，居民可支配收入持续提升，为休闲食品消费奠定了经济基础。

回望历史，我国休闲食品行业的发展经历了三个阶段：

第一阶段为20世纪70～90年代，市场上休闲食品消费以饼干和糖果为主，其中膨化类食品开始占据主导地位。

第二阶段为20世纪90年代～21世纪初，改革开放以后，国外零食品牌纷纷来华建厂生产，大大拓宽了休闲食品品类，同时经济水平的提高也催生了许多国内零食公司，并以某一单品爆款迅速占领休闲食品市场。

第三阶段为21世纪之后，随着消费升级，我国休闲食品快速发展，品类越来越多元，健康和功能性品类休闲食品更受青睐。

如今休闲食品已成为万亿级别的市场，休闲食品种类多样，品牌丰富。在休闲食品“第四餐化”趋势下，其市场规模有望在未来10～15年内占到我国消费者食品支出的20%。但我国的休闲食品种类繁多，有一部分仍没有统一的工艺标准，产品品质和口味差异也较大。而其中标准化程度较高的西式零食品类被外资垄断相对集中，如巧克力、薯片等产品。行业内优势品类集中度不高，且产品同质化现象严重，可复制性很强。党的二十大提出了“强化食品药品安全监管”，作出了“实现高质量发展”“构建全国统一大市场”“推进健康中国建设”“树立大食物观”的决策部署。同时在消费升级背景下，我国休闲食品行业转型升级势在必行。灭菌、干燥、抑酶、储藏，尤其是冷链物流等新技术的革新，将进一步推动休闲食品的产品和业态的发展。更丰富的使用场景，更细分多元的零食功能，将推进休闲食品代餐

化、礼品化、保健品化、特殊人群化。此外，“一带一路”有望推动我国休闲食品行业走向跨境贸易，供给侧结构性改革与需求的快速增长，将进一步推进休闲食品行业的产业升级。

参考文献

[1] 谢云，袁成燕．烹饪营养与卫生［M］．南宁：广西科学技术出版社，2019.

[2] Monica. 万字长文解读：休闲食品，千亿赛道，挖掘创业新机遇！［EB/OL］．消费界，2021. https：//baijiahao.baidu. com/s? id=1699156717253675289&wfr=spider&for=pc.

[3] 毕金峰，易建勇，陈芹芹，等．国内外休闲食品产业与科技现状及发展趋势［J］．中国食品学报，2020，20（12）：320-328.

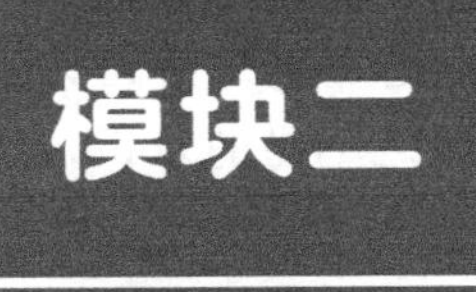

模块二

谷物类休闲食品加工技术

【课程思政】 稻米文化：谁知盘中餐，粒粒皆辛苦

课前问一问

1. 你了解谷物的种植历史吗？
2. 袁隆平院士对粮食做了哪些重要贡献？
3. 谷物类食物有哪些营养特点？
4. 你吃过哪些谷物类休闲食品？请列举5种以上。

党的二十大报告在总结过去10年成就时，提到了“谷物总产量稳居世界首位”，这是一项伟大的成就，因为只有谷物产量高，供给量够，中国人的饭碗才能牢牢端在自己手中，才能做到“仓廪实而知礼节，衣食足而知荣辱”，从而团结一致、全身心地为全面建成社会主义现代化强国而奋斗。

为了实现谷物类粮食高产，端牢、端好中国人的饭碗，全国上下早在几十年前就开启了一场伟大的奋斗征程，并涌现出了一批像袁隆平院士这样优秀的科学家。

袁隆平院士被誉为“杂交水稻之父”，是国家最高科学技术奖得主。水稻是我国种植的最主要谷物类粮食作物之一，其产量的高低是我国粮食安全战略的决定性因素之一。袁隆平院士及其团队的研究成果不仅为我国的粮食安全战略奠定了基础，而且为世界粮食生产做出了重大贡献，让全世界亿万人民远离饥饿，“用一粒种子改变了世界”。袁隆平院士把自己的一生都奉献给了水稻事业，为国家和民族留下了一笔宝贵的财富！正因为有一批又一批像袁隆平院士这样致力于农业科学发展的奉献者们，我们中国人才能端牢自己的饭碗，才能取得“谷物总产量稳居世界首位”的伟大建设成就。

取得成就的同时，更应该居安思危，要时刻清醒地认识到我们面临的粮食安全形势仍然非常严峻。作为食品类专业的学生，我们应该充分发挥自身的专业优势，一方面要认真学习掌握各种谷物粮食的营养特点，研究各种适应不同谷物粮食生产加工的新工艺、新技术，提高谷物粮食的利用率，并从小我做起，通过传播“谁知盘中餐，粒粒皆辛苦”等古诗古训中的优秀传统文化精髓，帮助周边人特别是青少年牢固树立谷物粮食来之不易的意识，杜绝餐饮浪费行为，营造节约光荣的良好社会氛围；另一方面要通过深入研习食品安全检测技术，利用安全检测技术从源头到餐桌守护人民舌尖安全，积极投身到建设农业强国的大军中，全方位夯实粮食安全根基。

课后做一做

查阅文献资料，阐述谷物类休闲食品的开发利用现状及发展趋势。

项目一　谷物类休闲食品生产基础知识

任务一　了解谷物类休闲食品前沿动态

学习目标

1. 应知谷物类休闲食品的市场动态。
2. 应具备开展谷物类休闲食品调研的能力。
3. 应具备团队合作、沟通协调的能力。

任务流程

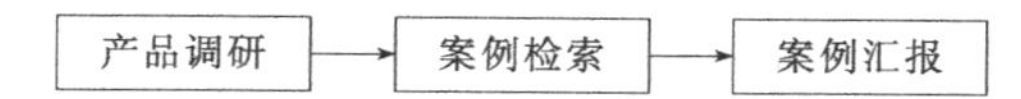

流程 1　调研谷物类休闲食品的相关信息

通过以下途径调研查阅相关信息，记录整理结果。

1. 联系生活，说说你日常认识的谷物类休闲食品有哪些。
2. 网络检索，查查市场上谷物类休闲食品有哪些。
3. 阅读资料，看看谷物类休闲食品包含哪些产品。

流程 2　搜索谷物类休闲食品的创新案例

在网络和图书中查找谷物类休闲食品的创新产品案例，写下拟订作为汇报材料的案例名称，并谈谈该案例对谷物类休闲食品研发的借鉴意义。

扫码领取表格，见数字资源 2-1。

数字资源 2-1

流程 3 制作并汇报谷物类休闲食品的创新案例

分组讨论谷类休闲食品的创新案例，按“是什么、创新点、怎么看、如何做”整理撰写形成 PPT 或海报或演讲稿等，安排专人汇报，听取同学们建议后进行改进，并提交作业。

案例名称	
创新点	
怎么看待产品的创新点	
该类产品你会如何设计	

任务二 学习谷物类休闲食品生产基础知识

学习目标

1. 应知谷物类休闲食品原料特点。
2. 应知谷物类休闲食品常用的加工方法。
3. 应会正确选择谷物类休闲食品的生产技术。

任务流程

认识谷物类原料和谷物类休闲食品 → 了解谷物类休闲食品生产加工技术 → 学习谷物类休闲食品常用加工设备

流程 1 认识谷物类原料和谷物类休闲食品

问一问

常见谷物有哪些？它们的营养特点是什么？谷物类休闲食品怎么分类？

学一学

认识谷物类原料和谷物类休闲食品

一、认识谷物类原料

谷类作物涵盖的范围较广，包括麦、稻、玉米及高粱等。“谷物”既指谷类作物，也指谷类作物的籽实。各种谷物从田间采收后，一般先晾晒处理，将其中的水分含量降低至11.5%～14%之间，然后再去皮加工成小麦粉、稻米、玉米籽粒（或玉米粉）、高粱米（或高粱粉）等产品，供人类食用，或用作饲料，或作为食品工业等行业的加工原材料。

（一）谷物类食物原料的营养特点

谷物类食物一般作为人类的主食，其中的糖类物质含量丰富，是人类膳食中热量的主要来源。谷物中的糖类物质主要以淀粉的形式存在，一般含量在70%以上，最高可达80%以上，还有少量的可溶性单糖及多糖形式的半纤维素和纤维素。

谷物类食物原料中的蛋白质和脂肪含量不高：蛋白质一般占质量的8%～10%，而且所含必需氨基酸不完全，赖氨酸、苯丙氨酸、蛋氨酸偏低；脂肪含量大多在2%以下，但玉米中含量较多（为4%左右），多为不饱和脂肪酸及少量的植物固醇和卵磷脂。

谷物类食物原料中含有钙、磷、镁、硫、铁、钾、钠等多种矿物质，一般以无机盐的形式存在，含量为1.5%左右，其中绝大部分的钙和磷以植酸盐形式存在，不易被机体吸收利用。

谷物类食物原料还是B族维生素的重要来源，其中维生素B_1、维生素B_2和烟酸较多，小米、玉米中还含有胡萝卜素。另外，谷类胚芽中含有较多量的维生素E。这些维生素大部分集中在胚芽、糊粉层和谷皮里，对谷物类食物原料进行过度的精制加工可能会造成维生素的流失。

（二）常见谷物类食物原料

1．稻米

稻米又称大米，是由晒干的稻谷经脱壳加工而成，除了直接作为人类的主食外，还可作为制作糕点、锅巴、膨化米饼等各类休闲食品的原料。按其性质，可将稻米分为籼米、粳米，又有其糯性变种，称为糯米，也可分为粳糯米和籼糯米两种。不同品种稻米适合加工成的产品不同，呈现不同的加工工艺性能，其特点详见下表。

籼米、粳米、糯米的特点

项目	籼米	粳米	糯米
外形特点	粒形细长，色泽灰白，透明或不透明	粒形短圆，色泽蜡白，透明或半透明	白色不透明
品质特点	硬度小，易碎，含直链淀粉较多，胀性大，出饭率高，但黏性小，口感干而粗糙	质地硬而有韧性，不易碎。煮时黏性大于籼米，柔软可口、香甜，胀性小，出饭率低于籼米	硬度低，煮熟后透明，黏性强，胀性最小，出饭率低
加工适用	适合制作干饭、稀粥，磨成粉可制作米糕、米粉等（可发酵）	适合制作干饭、稀粥，磨成粉可制作米糕、米粉等（较难发酵）	一般不作主食，多用于制作糕点

2. 小麦粉

小麦粉一般又称面粉，它是由晒干的小麦经去皮磨制加工而得。小麦粉主要化学成分有水分、蛋白质、脂肪、糖以及少量的维生素、矿物质和酶类等，其化学成分随小麦品种和加工精度不同而有一定差异。我国生产的小麦粉一般可分为两大类，一类是通用小麦粉，另一类是专用小麦粉。通用小麦粉包括等级粉和标准粉，按加工精度不同可细分为特制一等粉、特制二等粉、标准粉和普通粉四个等级。专用小麦粉主要是根据小麦粉的用途来进行细分，常见的有面包专用粉、蛋糕专用粉、酥性饼干专用粉、糕点专用粉等。另外，根据小麦粉中筋性蛋白质含量的高低还可将小麦粉分为高筋小麦粉、中筋小麦粉、低筋小麦粉，一般制作面包等发酵类制品时要选用高筋小麦粉，制作饼干、糕点等制品时要选用低筋小麦粉。

3. 玉米

常见的玉米原料以玉米籽粒的形式存在。玉米籽粒由表皮、胚乳、胚芽、根冠四部分组成。玉米的主要营养成分是淀粉，约占玉米籽粒干重的70%，主要集中在玉米胚乳中。另外，玉米胚芽中含有丰富的油脂，是提炼制作食用植物油脂的优质原料。在实际应用中，玉米可磨成粉用于制作窝头、丝糕以及冷点中的白粉冻，在面粉中掺和则可做各类各式发酵中式糕点、西式糕点。玉米籽粒还可直接膨化加工做成爆米花等膨化食品。

4. 其他杂粮

（1）小米　由粟加工而成的成品粮，按粒质不同可分为粳性小米和糯性小米两种。粳性小米用粳粟制成，纯度要求达95%及以上；糯性小米用糯粟制成，纯度要求达95%及以上。粳粟一般指种皮多为黄色（深浅不一）及白色，有光泽，粳性米质的籽粒不低于95%的粟。糯粟一般指种皮多为红色（深浅不一），微有光泽，糯性米质的籽粒不低于95%的粟。一般用于制作干饭、小米稀粥，磨成粉可做饼、丝糕、发糕等传统休闲食品。

（2）高粱　按颜色可分为白、黄、黑、红等品种，白高粱米的质量最好。按其性质可分为粳、糯两种。粳性高粱一般用于制作干饭、稀粥，糯性高粱米磨成粉可制作糕、团、饼等休闲食品。高粱米也是酿酒、酿醋、提取淀粉及制造饴糖的原料。

（3）大麦　籽实扁平，中间宽，两端较尖。一般用于制作各式小吃如麦片粥、麦片糕等，其最大用途是制造啤酒和麦芽糖。其营养价值和小麦差不多，但粗纤维含量较高，研磨成粉不如小麦粉用途广。

（4）燕麦　可去壳后磨粉，直接作粮食用，也可加工成燕麦片。燕麦片含有大量的可溶性纤维素，对降低和控制血糖以及血中胆固醇的含量均有明显作用，能够满足广大消费者健康饮食需求，因此，在各类食品加工中的应用越来越广泛，在焙烤类、糖果类休闲食品配料中经常可发现它的身影。

二、认识谷物类休闲食品

谷物类休闲食品，顾名思义指的是以谷物类食物为主要原料制作而成的休闲食品，比如小面包、蛋糕、饼干、米饼、小馒头、锅巴、爆米花等产品。按主要原料区分，可将谷物类休闲食品分为小麦粉类谷物休闲食品、稻米类谷物休闲食品、杂粮类谷物休闲食品等。按加工工艺分，可将谷物类休闲食品分为焙烤类谷物休闲食品、油炸类谷物休闲食品、膨化类谷物休闲食品等，市面上尤其以膨化类谷物休闲食品和焙烤类谷物休闲食品最为常见。

（一）认识膨化谷物类休闲食品

膨化类谷物休闲食品指的是以谷物类食物为主要原料，采用膨化技术生产加工而成的各类休闲食品。广义的膨化食品，是指利用油炸、挤压、砂炒、焙烤、微波等技术作为熟化工艺，在熟化工艺前后体积有明显增大现象的食品。因此，焙烤类谷物休闲食品从广义上也可归类到膨化类谷物休闲食品中。市场上的膨化谷物类休闲食品琳琅满目，按膨化生产工艺不同，可将其分为以下几类：

油炸膨化谷物类休闲食品：根据其温度和压力，又可分为高温油炸膨化和低温真空油炸膨化两类。

微波膨化谷物类休闲食品：利用微波发生设备进行膨化加工而成的谷物类休闲食品。

挤压膨化谷物类休闲食品：利用螺杆挤压机进行膨化生产的谷物类休闲食品。

焙烤膨化谷物类休闲食品：利用焙烤设备进行膨化生产的谷物类休闲食品。

其他膨化谷物类休闲食品：如正在研究开发的利用超低温膨化技术、超声膨化技术、化学膨化技术等生产的谷物类休闲食品。

另外，按膨化加工的工艺过程可分为直接膨化加工谷物类休闲食品和间接膨化加工谷物类休闲食品。按产品的风味、形状分类可分为成千上万种。如从风味上分，可分为甜味、咸味、辣味、怪味、海鲜味、咖喱味、鸡味、牛肉味等；从形状上分，可分为条形、圆形、饼形、环形、不规则形等。

（二）认识焙烤类谷物休闲食品

焙烤类谷物休闲食品最典型的产品是以小麦粉为主要原料制作而成的面包、蛋糕和饼干产品。

面包是以小麦粉、酵母、食盐、水为主要原料，加入适量辅料，经搅拌、发酵、整形、醒发、烘烤或油炸等工艺制成的松软多孔的食品，还包括烤制成熟前或后在面包坯表面或内部添加奶油、人造黄油、蛋白、可可、果酱等的制品。面包原本是在欧美等许多地区人们的主食，后随着人们生活节奏和生活方式的改变，许多面包类产品逐渐发展成为体积小、质量小、长保质期、休闲化、产品形式多样、包装精美的休闲食品。

蛋糕是以鸡蛋、面粉、糖、食用油为主要原料，经打蛋、注模、烘烤而成的组织松软的制品。蛋糕的分类方法很多。按照用料和制作工艺，蛋糕可分为清蛋糕、油蛋糕、戚风蛋糕。这三大类型是各类蛋糕制作及品种变化的基础，由此演变成蛋黄派、水果蛋糕、果仁蛋糕、巧克力蛋糕、花色小蛋糕等各种包装精美的休闲小糕点。

饼干是以小麦粉（可添加糯米粉、淀粉等）为主要原料，加入（或不加入）糖、油脂及其他辅料，经调粉（或调浆）、成型、烘烤等工艺制成的口感酥松或松脆的食品。饼干是由面包发展而来的，最早在法国出现了“biscuit”一词，指把面包片再烤一次，即是烤面包片，后面经过不断改良，发展成为当下很常见的一类谷物类休闲食品。按生产工艺一般可将饼干分为酥性饼干、韧性饼干、发酵饼干、压缩饼干、夹心饼干等。

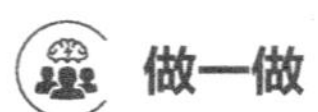

1. 查阅资料，请阐述高筋小麦粉、中筋小麦粉、低筋小麦粉各适用于制作哪些休闲

食品。

2. 查阅资料，请说明为什么发酵类面团制品的主要原料要选用小麦粉而不是其他谷物粉。

3. 查阅资料，请尝试阐述不同膨化谷物类休闲食品生产工艺之间的区别。

流程 2 了解谷物类休闲食品生产加工技术

问一问

市场上常见的谷物类休闲食品一般是采用哪些生产加工工艺制作的？

学一学

谷物类休闲食品生产技术

谷物类休闲食品生产中经常应用到的技术有焙烤加工技术、挤压蒸煮加工技术、油炸加工技术、微波加工技术等，采用这些技术生产的产品一般具有结构膨松、质地松脆的特点，对最终产品均具有一定的膨化作用。

膨化是利用相变和气体的热压效应原理，使被加工物料内部的液体迅速升温汽化、增压膨胀，并依靠气体的膨胀力，带动组分中高分子物质的结构变性，从而使之成为具有网状组织结构特征的多孔状物质的过程。在当前食品实际生产中应用较广、效果较好的膨化加工技术有挤压蒸煮和气流膨化两种技术，它们的工作原理基本一致，即原料在瞬间由高温、高压突然降到常温、常压，原料水分突然汽化，发生闪蒸，产生类似“爆炸”的现象，使谷物组织呈现海绵状结构，体积增大几倍到几十倍，从而完成谷物产品的膨化过程。在实际生产应用中，两种技术又呈现各自不同的特点，所适用生产的产品对象也有所区别。

采用挤压技术生产的食品种类很多，膨化产品仅仅是其中一种产品形式，不能简单地把挤压加工的产品都归为膨化食品。挤压膨化食品的加工原理是含有一定水分的物料，在挤压机套筒内受到螺杆的推动作用和卸料模具或套筒内节流装置（如反向螺杆）的反向阻滞作用，同时还受到了来自外部的加热或物料与螺杆和套筒的内部摩擦的加热作用，在此综合作用下，可以使物料处于高达 3～8MPa 的高压和 200℃左右的高温状态下。如此高的压力超过了挤压温度下的饱和蒸气压，而且在挤压机套筒内水分不会沸腾蒸发，在如此的高温下会使里面的物料呈熔融状态。一旦物料从模具口被挤出，压力骤然降为常压，水分便会急剧蒸发，产生类似“爆炸”的情况，产品随之膨胀。水分从物料中散失，带走大量热量，使物料在瞬间从挤压时的高温迅速降至 80℃左右，从而使物料固化，并保持膨胀后的形状。

气流膨化与挤压膨化具有截然不同的特点。挤压膨化机有自热式和外热式；气流膨化所需热量全部靠外部加热，可以采用过热蒸汽加热、电加热或直接明火加热。挤压膨化高压的形成是物料在挤压推进过程中，螺杆与套筒间空间结构的变化和加热时水分的汽化，以及气体的膨胀所致；而气流膨化高压的形成是靠密闭容器中加热时水分的汽化和气体的膨胀所产生。挤压膨化适合的对象原料可以是粒状的，也可以是粉状的；而气流膨化适用的对象原料基本上是粒状的。挤压膨化过程中，物料会受到剪切、摩擦作用，产生混炼与均质效果；而在气流膨化过程中，物料没有受到剪切作用，也不存在混炼与均质的效果。

 **做一做**

1. 查阅资料，了解是否还有其他谷物休闲食品膨化加工技术，并对其技术特点进行详细描述。

2. 查阅资料，列表对比挤压膨化和气流膨化加工对谷物原料营养成分的影响。

流程 3　学习谷物类休闲食品常用加工设备

 **问一问**

市场上常见谷物类休闲食品的生产加工需要配备哪些主要设备？

学一学

谷物类休闲食品的常用加工设备

不同类型的谷物类休闲食品在实际规模化生产中需要用到不同的机械设备，常用的有焙烤设备、油炸设备、挤压膨化设备、气流膨化设备等。

1. 焙烤设备

焙烤类谷物休闲食品的生产需要配套专业焙烤设备，工业化生产中常用的是烤炉类设备，根据热源不同，可分为电烤炉、煤炉、煤气炉和燃油炉等，使用最广泛的是电烤炉。电烤炉的特点是结构紧凑、体积小、操作方便、生产效率高、焙烤质量好。按结构形式不同，电烤炉可分为箱式炉和隧道炉两类。箱式炉按食品在炉内不同的运动形式，可分为烤盘固定式箱式炉、风车炉和水平旋转炉。隧道炉是一种炉体较长、烘室为一狭长隧道、在烘烤过程中食品沿隧道做直线运动的烤炉。隧道电烤炉还可分为钢带隧道炉、网带隧道炉、烤盘链条隧道炉和手推烤盘隧道炉。

2. 油炸设备

某些谷物类休闲食品的生产需要应用到油炸工艺。具体油炸方法按照油和食品接触的情况可分为浅层油炸和深层油炸；按照油炸时的压力情况可分为常压油炸和真空油炸；还可分为纯油油炸和水油混合式油炸。配套使用的油炸设备主要有间歇式水油混合式油炸设备、水油混合式连续深层油炸设备和真空低温油炸设备等。

3. 挤压膨化设备

应用于谷物类膨化食品生产的挤压膨化设备主要是螺杆挤压机，它的主体部分是由一根或两根在一只紧密配合的圆筒形套筒中旋转的阿基米德螺杆组成。螺杆挤压机类型很多，分类方法各异，按挤压过程剪切力的大小进行分类可分为高剪切力挤压机和低剪切力挤压机，低剪切力挤压机在生产中产生的剪切力较小，它的主要作用在于混合、蒸煮、成型，对物料的膨化效果较差，一般较少用于谷物类膨化休闲食品加工。按挤压机的受热方式进行分类可分为自热式挤压机和外热式挤压机。自热式挤压机在挤压过程中所需的热量来自物料与螺杆之间、物料与套筒之间的摩擦，挤压温度受物料水分含量、物料黏度、螺杆转速、环境温度等多方面因素影响，温度不易控制，生产的产品质量不易保持稳定；外热式挤压机是靠外部加热的方式提高挤压机套筒和物料的温度，根据挤压过程各阶段对温度参数要求的不同，可设计成等温式挤压机和变温式挤压机，设备灵活性大，操作控制容易，产品质量易保持稳定。按螺杆的根数分类可分为单螺杆挤压机、双螺杆挤压机和多螺杆挤压机，单螺杆挤压机套筒内只有一根螺杆，它是靠螺杆和套筒对物料的摩擦来输送物料和形成一定压力的，双螺杆或多螺杆挤压机虽然和单螺杆挤压机十分相似，但在工作原理上存在较大差异，与单螺杆挤压机相比，双螺杆挤压机在对物料的强制输送、混合、压延等方面表现出更强的优越性，而且对机器自身具有较强的自清洁作用。

4. 气流膨化设备

气流膨化设备主要有连续式和间歇式两种。间歇式气流膨化设备的结构比较简单，通常由耐压的加热室与相应的加热系统组成，加热室上有密封门，物料进出全部经过这一密封门，物料的进出需要在停机状态下进行，生产能力较低。连续式气流膨化设备通常由进料器、加热室、出料器、传动系统及加热系统组成，一般采用电加热，可以达到很高的生产能力。不论是间歇式还是连续式，气流膨化设备的主要部件是进料器、加热室、出料器和加热系统。

做一做

查阅资料，尝试说明双螺杆挤压膨化设备相对于单螺杆挤压膨化设备具有哪几方面的性能优势。

项目二 谷物类休闲食品的加工制作

任务一 制作菠萝包

实训目标

1. 应知菠萝包的制作工艺。
2. 应会正确制作汤种。

3. 应会正确打发面团和判断面团的发酵程度。

4. 应会正确烤制菠萝包。

实训流程

接收工单→配方设计→准备工作→实施操作→产品评价→总结评价。

扫码领取表格，见数字资源 2-2。

数字资源 2-2

流程 1 接收工单

序号：______ 日期：______ 项目：______

品名	规格	数量	完成时间
菠萝包	______g/个	______个/人	6 学时
附记	根据实训条件和教学需求设计规格和数量		

流程 2 配方设计

1. 参考配方

(1) 馅料 可选用豆沙、果酱等各种现成馅料。

(2) 汤种 高筋小麦粉和水的比例为 1∶5；备料时，用小火加热搅拌成糊状，放至完全凉透（可放冰箱加速冷却），防止打面时面团温度升高。

(3) 面团配方 高筋小麦粉 8000g、低筋小麦粉 2000g、白糖 2000g、盐 120g、酵母 100g、全蛋 20 个左右、汤种 2000g、牛奶 5000g、黄油 1200g。

(4) 菠萝皮配方 黄油 1000g、白糖 1200g、鸡蛋 400g、奶粉 140g、低筋小麦粉 160g。备料时，提前将配方涉及的所有原料混合搅拌均匀，制成菠萝皮面团备用。

2. 配方设计表

各实训小组设计菠萝包的配方，将配方填入下表。

菠萝包配方设计表

序号	原辅材料名称	用量	序号	原辅材料名称	用量
1			6		
2			7		
3			8		
4			9		
5			10		

流程 3 准备工作

通过对工单解读，将制作菠萝包所需的设备填入下列表格。

制作菠萝包所需设备

序号	设备名称	规格	序号	设备名称	规格
1			6		
2			7		
3			8		
4			9		
5			10		

制作菠萝包所需原辅料

序号	原辅料名称	规格	序号	原辅料名称	规格
1			6		
2			7		
3			8		
4			9		
5			10		

流程 4 实施操作

1. 工艺流程

备料→打面→醒发→分割→包制→盖菠萝皮→装饰→发酵→烤制→冷却包装。

2. 操作要点

（1）黄油以外的所有面团原料揉到一起，揉成光滑的面团再加黄油揉至扩展阶段，将面团置于面缸中，用保鲜膜覆盖住缸口，于 30℃环境下发酵 50min。

（2）将面团分割成 60g/个，搓圆，包馅料约 10g，松弛约 20min。

（3）将菠萝皮面团分割成 20g/个，搓圆，压平，放置在松弛好的包馅面团上。

（4）在上述基础上，用手掌中心将菠萝皮整成半圆形，包裹于包馅面团表面（可在菠萝皮表面蘸上白砂糖）

（5）将面包坯放入烤盘，置于温度为 30℃、湿度为 70%的发酵箱中发酵约 50min。

（6）烘烤：表面刷蛋液入炉，设置烤炉上火 200℃、下火 180℃，烘烤约 15min，取出冷却，包装。

流程 5 产品评价

1. 产品质量标准

扫码领取表格，见数字资源 2-3。

数字资源 2-3

2. 产品感官评价

参照产品质量标准，对制作的菠萝包进行感官评价。

项目	感官评价
形态	
色泽	
滋味和气味	
口感	
杂质	
评价人员签字	

流程 6　总结评价

数字资源 2-4

1. 请扫码领取表格，并填写有关安全注意事项及防护措施等。见数字资源 2-4。
2. 请扫码领取表格，并填写相关内容，对本项目进行总结评价。见数字资源 2-5。

数字资源 2-5

任务二　制作蛋糕卷

实训目标

1. 应知蛋糕卷的制作工艺。
2. 应会正确打发蛋清。
3. 应会正确判断面糊的烘烤成熟度。
4. 应会卷制蛋糕卷。

实训流程

接收工单→配方设计→准备工作→实施操作→产品评价→总结评价。扫码领取表格，见数字资源 2-6。

数字资源 2-6

流程 1　接收工单

序号：__________　日期：__________　项目：__________

品名	规格	数量	完成时间
蛋糕卷	______g/个	______个/组	4学时
附记	根据实训条件和教学需求设计规格和数量		

流程 2　配方设计

1. 参考配方

(1) 蛋黄面糊配方　a组原料：水2200g、色拉油1200g；b组原料：低筋小麦粉2400g、淀粉400g；c组原料：蛋黄2000g。

(2) 蛋清糊配方　蛋清4000g、白砂糖2500g、盐20g、塔塔粉400g。

2. 配方设计表

通过对工单解读，各实训小组设计蛋糕卷的配方，并将配方填入下表。

蛋糕卷配方设计表

序号	原辅材料名称	用量	序号	原辅材料名称	用量
1			6		
2			7		
3			8		
4			9		
5			10		

流程 3　准备工作

通过对工单解读，将制作蛋糕卷所需的设备和原辅料填入下列表格。

制作蛋糕卷所需设备

序号	设备名称	规格	序号	设备名称	规格
1			6		
2			7		
3			8		
4			9		
5			10		

制作蛋糕卷所需原辅料

序号	原辅料名称	规格	序号	原辅料名称	规格
1			6		
2			7		
3			8		
4			9		
5			10		

流程 4 实施操作

1. 工艺流程

备料→打发蛋清部分→搅拌蛋黄部分→蛋黄部分与蛋清部分混匀→装盘烘烤→出炉放凉→卷制→分割→包装。

2. 操作要点

(1) 蛋黄面糊调制操作要点 ①将 a 组原料放入盆内拌匀；②将 b 组原料混匀并过 60 目筛然后加入 a 组原料中拌匀；③继续加入 c 组原料，并将原料搅拌至呈无颗粒感的糊状。

(2) 蛋清部分打发的操作要点 将蛋清、盐、塔塔粉等原料一起放入打蛋机的机桶内，高速搅打至湿性发泡，改用中速搅打，并慢慢加入白砂糖，然后再调整为高速，搅打至用搅拌器挑起的蛋清糊呈倒立的鸡冠状（呈软尖峰状），再改用中速搅拌 2～3min 即可。

(3) 两糊混合 把打发好的蛋清糊的 1/3 加入搅拌好的蛋黄糊中，用硅胶刮刀由下往上顺着一个方向轻轻拌匀，然后再倒入剩余的 2/3 蛋清糊中，用硅胶刮刀由下往上顺着一个方向轻轻拌匀。

(4) 装盘 在烤盘底部铺上烤盘纸或油布，将拌匀的蛋糕糊倒入烤盘中，振荡几下排出蛋糕糊中的大气泡。

(5) 烘烤 将装好盘的蛋糕糊放入烤炉中，上火 180℃，下火 150℃，烘烤 28min 左右。

(6) 制作蛋糕卷 蛋糕出炉冷却后，从烤盘中脱模取出，抹上奶油或其他酱料，按规范动作将其卷起成型，按规格剂量切好即得蛋糕卷制品。

流程 5 产品评价

1. 产品质量标准

扫码领取表格，见数字资源 2-7。

数字资源 2-7

2. 产品感官评价

参照产品质量标准，对制作的蛋糕卷进行感官评价。

项目	感官评价
形态	
色泽	
滋味和气味	
口感	
杂质	
评价人员签字	

流程 6　总结评价

数字资源 2-8

数字资源 2-9

1. 请扫码领取表格，并填写有关安全注意事项及防护措施等。扫码领取表格，见数字资源 2-8。
2. 请扫码领取表格，并填写相关内容，对本项目进行总结评价。扫码领取表格，见数字资源 2-9。

任务三　制作曲奇饼干

实训目标

1. 应知曲奇饼干的制作工艺。
2. 应会正确打发黄油。
3. 能够正确使用裱花袋和裱花嘴制作曲奇饼干。
4. 应会正确烤制曲奇饼干。

实训流程

数字资源 2-10

接收工单→配方设计→准备工作→实施操作→产品评价→总结评价。扫码领取表格，见数字资源 2-10。

流程 1 接收工单

序号：________ 日期：________ 项目：________

品名	规格	数量	完成时间
曲奇饼干	______g/罐	______罐/组	4 学时
附记	根据实训条件和教学需求设计规格和数量		

流程 2 配方设计

1. 参考配方

黄油 1500g、低筋小麦粉 2000g、糖粉 1000g、鸡蛋 600g、奶粉 150g、玉米淀粉 400g。

2. 配方设计表

通过对工单解读，各实训小组设计曲奇饼干的配方，将配方填入下表。

曲奇饼干配方设计表

序号	原辅材料名称	用量	序号	原辅材料名称	用量
1			6		
2			7		
3			8		
4			9		
5			10		

流程 3 准备工作

通过对工单解读，将制作曲奇饼干所需的设备和原辅料填入下列表格。

制作曲奇饼干所需设备

序号	设备名称	规格	序号	设备名称	规格
1			6		
2			7		
3			8		
4			9		
5			10		

制作曲奇饼干所需原辅料

序号	原辅料名称	规格	序号	原辅料名称	规格
1			6		
2			7		
3			8		
4			9		
5			10		

流程 4 实施操作

1. 工艺流程

备料→软化黄油→筛入白糖→打发黄油→加蛋液→筛入低筋小麦粉和奶粉→挤裱→码盘→烘烤→冷却包装

2. 操作要点

（1）软化黄油 黄油软化至用手指按压可轻松变形后，分切成小块，放入搅拌机中准备打发。

（2）筛糖打发 筛入糖粉，用搅拌机将黄油打发至颜色变浅、体积变大呈毛茸蓬松状。

（3）加入蛋液打发 将蛋液分 3～4 次加入打发好的黄油中，分别打发，每次加完蛋液打发完全后再加下一批次的蛋液，直至全部蛋液加入并打发完全。

（4）拌匀 筛入低筋小麦粉和奶粉，用刮刀拌均匀，注意不可过度翻拌，只需拌到没有干粉即可。

（5）挤裱 在裱花袋中提前放入裱花嘴，再装入曲奇面团生坯料。

（6）码盘 将生坯均匀地挤在烤盘里。

（7）烘烤 提前预热烤箱，其中某几层烤箱的上下火温度分别设置为 180℃（如果是隧道式烤箱，可将第一段烤箱的上下火温度设置为 180℃），当烤箱上下火温度达到所设置温度后，将挤有曲奇饼干生坯料的烤盘放入烤箱中烘烤 5min 后，再转入上下火温度设置为 170℃的烤箱烘烤 15min。此步骤目的是先高温定型，然后用适合的温度烘烤。如果是工业化连续生产，则可以在隧道式烤箱中分段设置温度烘烤。

流程 5 产品评价

数字资源 2-11

1. 产品质量标准

扫码领取表格，见数字资源 2-11。

2. 产品感官评价

参照产品质量标准，对制作的曲奇饼干进行感官评价。

项目	感官评价
形态	
色泽	
滋味和气味	
口感	
杂质	
评价人员签字	

流程6 总结评价

数字资源 2-12

1. 请扫码领取表格，并填写有关安全注意事项及防护措施等。见数字资源 2-12。
2. 请扫码领取表格，并填写相关内容，对本项目进行总结评价。见数字资源 2-13。

数字资源 2-13

任务四 制作即食玉米薄片

实训目标

1. 应知挤压膨化食品制作的基本原理。
2. 应会操作挤压膨化设备。
3. 应会制作挤压膨化食品。

实训流程

接收工单→配方设计→准备工作→实施操作→产品评定→总结评价。扫码领取表格，见数字资源 2-14。

数字资源 2-14

流程1 接收工单

序号：__________ 日期：__________ 项目：__________

品名	规格	数量	完成时间
玉米薄片	______g/包	______包/组	4学时
附记	根据实训条件和教学需求设计规格和数量		

流程2 配方设计

1. 参考配方

玉米 8kg、小米粉 2kg、调味料少许、水适量。

2. 配方设计表

通过对工单解读，各实训小组设计即食玉米薄片的配方，将配方填入下表。

即食玉米薄片配方设计表

序号	原辅材料名称	用量	序号	原辅材料名称	用量
1			6		
2			7		
3			8		
4			9		
5			10		

流程 3　准备工作

通过对工单解读，将即食玉米薄片所需的设备和原辅料填入下列表格。

制作即食玉米薄片所需设备

序号	设备名称	规格	序号	设备名称	规格
1			6		
2			7		
3			8		
4			9		
5			10		

制作即食玉米薄片所需原辅料

序号	原辅料名称	规格	序号	原辅料名称	规格
1			6		
2			7		
3			8		
4			9		
5			10		

流程 4　实施操作

1. 工艺流程

原料→粉碎→过筛→玉米粉＋小米粉＋调味料→混合→润水搅拌→挤压膨化→切割造粒→冷却→压片→烘烤→成品→包装。

2. 操作要点

（1）原料粉碎　选取去皮脱胚的玉米和小米原料，将原料经磨粉机研磨并过 50～60 目筛。

（2）配料　加水量一般控制在 20%～24%，用拌粉机将配料搅拌至水分分布均匀。

（3）挤压膨化　将配好的物料加入双螺杆挤压膨化机后，物料随螺杆旋转，沿轴向前推进并逐渐压缩，经过强烈的搅拌、摩擦、剪切混合以及来自机筒外部的加热，物料迅速升温（140～160℃）、升压（0.5～0.7MPa），成为有流动性的凝胶状态，通过出口模板连续、均匀、稳定地挤出条形物料，物料由高温骤然降为常温常压，瞬间完成膨化过程。

（4）切割造粒　物料在挤出的同时，由模头前的旋转刀具切割成大小均匀的小颗粒，通过调整刀具转速可改变切割长度，切割后的小颗粒形成大小一致的球形膨化半成品，成型的球形颗粒应该表面光滑，无相互粘连的现象。

（5）冷却输送　切割成型后的球形膨化半成品颗粒掉落在冷却输送机上，通过向半成品吹风冷却，使产品温度降低至40～60℃，水分降低至15%～18%，半成品表面冷却并失掉部分水分使半成品表面得到硬化，并避免半成品相互粘连结块。

（6）辊轧压片　冷却后的半成品送到压片机内轧成薄片，压片机转速调整至60r/min，轧片厚度为0.2～0.5mm，压片后的半成品应表面平整，大小一致，内部组织均匀，压片时水分继续挥发，压片后水分降至10%～14%。

（7）烘烤　轧片后的半成品水分含量仍比较高，为延长保质期，需进一步烘烤干燥至水分含量为3%～6%。

流程5　产品评价

数字资源2-15

1. 产品质量标准

扫码领取表格，见数字资源2-15。

2. 产品感官评价

参照产品质量标准，对制作的玉米薄片进行感官评价。

项目	感官评价
形态	
色泽	
滋味和气味	
口感	
杂质	
评价人员签字	

流程6　总结评价

数字资源2-16

1. 请扫码领取表格，并填写有关安全注意事项及防护措施等。见数字资源2-16。

2. 请扫码领取表格，并填写相关内容，对本项目进行总结评价。见数字资源2-17。

数字资源2-17

任务五 探索制作创意谷物类休闲食品（拓展模块）

实训目标

1. 应知谷物类休闲食品的研发流程。
2. 应能激发自我的创新意识。
3. 应能培养塑造自我的创新思维。
4. 应有产品开发和独立创新能力。
5. 应会研制创新谷物类休闲食品。

实训流程

流程1 创意谷物类休闲食品案例学习

以小组为单位，自主检索、调研创意谷物类休闲食品，包括市场上的创意产品、相关比赛的创意产品、自主研发的创意产品等，至少整理2个案例，并作汇报说明。

流程2 小组进行谷物类休闲食品创意设计的头脑风暴

以小组为单位，对谷物类休闲食品的创意设计进行头脑风暴、讨论分析，形成一个可行的创意产品，小组选择一人做简要的汇报。

流程3 创意谷物类休闲食品的产品方案制订

扫码领取方案制订模板并填写，制订方案。

见数字资源2-18。

数字资源2-18

流程4 创意谷物类休闲食品的研制

完成创意谷物类休闲食品的研发设计与制作。

流程5 创意谷物类休闲食品的评价与改进

以小组为单位提交创意谷物类休闲食品的制作视频、产品展示说明卡、产品实物，按照评分表进行综合性评价，具体包括自评、小组评价、教师评价，提出产品的改进方向或措施。

扫码领取表格，见数字资源2-19。

数字资源2-19

项目三 模块作业与测试

一、实训报告

项目名称：______________________ 日期：____年__月__日

<table>
<tr><th>原辅料</th><th>质量/g</th><th>制作工艺流程</th></tr>
<tr><td></td><td></td><td rowspan="16"></td></tr>
<tr><td></td><td></td></tr>
<tr><td></td><td></td></tr>
<tr><td></td><td></td></tr>
<tr><td></td><td></td></tr>
<tr><td></td><td></td></tr>
<tr><td></td><td></td></tr>
<tr><td></td><td></td></tr>
<tr><td colspan="2">仪器设备</td></tr>
<tr><td>名称</td><td>数量</td></tr>
<tr><td></td><td></td></tr>
<tr><td></td><td></td></tr>
<tr><td></td><td></td></tr>
<tr><td></td><td></td></tr>
<tr><td></td><td></td></tr>
<tr><td></td><td></td></tr>
<tr><td colspan="3">过程展示(实操过程图及说明等)</td></tr>
<tr><td colspan="3"></td></tr>
</table>

续表

样品品评记录	
样品概述	
样品评价	
品评人：	日期：
总结(总结不足并提出纠正措施、注意事项、实训心得等)	
反馈意见：	
纠正措施：	
注意事项：	

二、模块测试

扫码领取试题，见数字资源 2-20。

数字资源 2-20

拓展阅读

全谷物食品

相关研究报道指出，不合理的膳食方式是导致国民疾病发生和死亡的最主要因素，消费者长期追求的“精米白面”式饮食模式，导致谷物中80%的纤维和绝大部分的健康活性物质都在精制过程中流失，不仅造成了营养物质的大量浪费，还不利于消费者形成健康的饮食习惯。

为应对这一状况，我国通过膳食指南呼吁人们养成健康的膳食模式，尤其要增加全谷物的摄入量。目前关于全谷物食品还没有公认的定义，美国谷物化学家协会提出“制作谷物食品原材料（包含皮层、胚乳和胚）的相对比例与天然谷物籽粒构成相当时，即可认为是全谷物食品”。与精制谷物不同，全谷物含有更加丰富的膳食纤维、维生素、矿物质和生物活性成分，可以有效地降低心血管疾病、肠道炎症、2 型糖尿病等慢性病的患病风险。

虽然全谷物比精制谷物更加健康营养，但其推广也面临着诸多挑战，如食品的储藏和较差的适口性等。目前市场上全谷物食品种类繁多，但主要以面包等休闲食品为主，主食类消费量低，主要原因在于其适口性较差。与精制谷物相比，全谷物因含有皮层，营养价值更高，皮层可分为糊粉层和内外种皮果皮，富含维生素、矿物质和其他一些营养物质。但皮层赋予全谷物丰富营养的同时也带入了高含量的纤维类成分，这些成分会对全谷物产品品质造成影响。此外，还会造成全谷物食品的适口性缺陷，纤维含量越高，食物适口性就越差，而适口性被认为是全谷物食品发展中要解决的首要问题。

当前，学术界开展了许多关于改善全谷物食品适口性的研究，应用的技术包括预熟化处理、微波处理、挤压膨化处理等物理改良技术，发酵处理、发芽处理、酶解处理等生物改良技术，以及超声波处理、高静压处理、低温等离子处理等新兴技术。通过对现有报告的总结分析发现，对于全谷物适口性改善还有待于进一步研究。虽然不同加工方式和工艺对不同全谷物适口性具有一定的改善作用，但还需要找到具有相对普适性的加工方式及工艺。虽然某些加工处理可以改善全谷物的适口性，但其对全谷物的营养影响还需要进一步展开研究，以确定适口性与营养/风味的平衡点。另外，不同加工方式对全谷物适口性改善的机制还需要进一步深入阐明。因此，全谷物食品的推广仍任重道远，还需要食品科学研究者和食品行业从业人员的接续努力。

参考文献

[1] 张雪．粮油食品工艺学［M］．北京：中国轻工业出版社，2017.

[2] 于海杰．焙烤食品加工技术［M］．北京：中国农业大学出版社，2015.

[3] 路建锋，陈春刚，赵功玲．休闲食品加工技术［M］．北京：中国科学技术出版社，2012.

[4] 高福成，郑建仙．食品工程高新技术［M］．2版．北京：中国轻工业出版社，2020.

[5] 席会平，田晓玲．食品加工机械与设备［M］．2版．北京：中国农业大学出版社，2015.

[6] 刘东红，崔建云．食品加工机械与设备［M］．2版．北京：中国轻工业出版社，2021.

[7] 毛昌祥．稻济天下［M］．青岛：青岛出版社，2021.

[8] 赵御锜，付欣，鲁明．挤压膨化谷物粉的研究进展［J］．粮食与油脂，2023，36（6）：5-7.

[9] 颜翼璇，李言，钱海峰，等．全谷物食品适口性改良方法研究进展［J］．中国粮油学报，2023，38（2）：179-186.

模块三

薯类休闲食品加工技术

【课程思政】 马铃薯主粮战略

课前问一问

1. 你的日常主食有哪些？你选择主食时会考虑哪些因素？
2. 作为餐桌上重要食物的马铃薯有哪些优点？
3. 列举5个你吃过的马铃薯食品案例。

马铃薯，又叫土豆，起源于南美洲的安第斯山脉，距今已经有7000多年的种植历史，在明代传入中国。由于我国地域辽阔，在传播过程中产生了诸多俗名，比如洋芋、山药蛋、荷兰薯、爪哇薯、洋番薯、地蛋等。马铃薯被称为“十全十美”的营养食物，富含膳食纤维，脂肪含量低，有利于控制体重增长，预防高血压、高胆固醇及糖尿病等。

我国是马铃薯种植面积与产量世界第一的国家。马铃薯耐寒、耐旱、耐瘠薄，适应性广，种植更容易，属于“省水、省肥、省药、省劲儿”的“四省”作物。2015年我国开始实行马铃薯主粮战略，将马铃薯加工成适应国人习惯的面包、馒头、面条等主食产品，由副食消费向主食消费转变，促使其成为稻米、小麦、玉米之外的又一主粮。

中国马铃薯生产配套栽培技术日趋成熟，集成了以农机为载体的双垄、覆膜、滴灌、水肥一体化等关键技术，并成功开发了马铃薯全粉占比35%以上的馒头、面条、米粉等主食产品和面包等休闲食品。薯业发展在促进我国农业发展、增加农民收入、保障国家粮食安全等方面发挥着越来越重要的作用。习近平总书记在党的二十大报告中指出：“树立大食物观，发展设施农业，构建多元化食物供给体系。”同时我国提出农业产业化，农业要建立生产、加工、销售全过程的整体经营机制，这将推动以马铃薯、甘薯等为原料的系列主食制品工业化生产的大发展。而未来绿色高质量发展是马铃薯产业发展的重要方向。

课后做一做

1. 对比其他主粮，分析马铃薯在营养、种植、应用等方面有哪些优势。
2. 查阅文献资料，调研市场，了解马铃薯产品的开发利用现状。
3. 践行“大食物观”，发展更营养美味、更安全可持续的食品，畅谈以马铃薯为原料可以开发什么样的未来食品。

项目一 薯类休闲食品生产基础知识

任务一 了解薯类休闲食品前沿动态

学习目标

1. 应知薯类休闲食品的市场动态。
2. 应具备开展薯类休闲食品调研的能力。
3. 应具备团队合作、沟通协调的能力。

任务流程

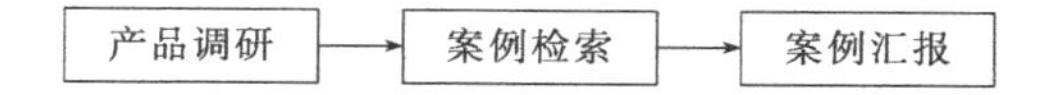

流程 1 调研薯类休闲食品的相关信息

通过以下途径调研查阅相关信息，记录整理结果。
1. 联系生活，说说你日常认识的薯类休闲食品有哪些。
2. 网络检索，查查市场上薯类休闲食品有哪些。
3. 阅读资料，看看薯类休闲食品可分为哪些类别。

流程 2 搜索薯类休闲食品的创新案例

在网络和图书中查找薯类休闲食品的创新产品案例，写下拟订作为汇报材料的案例名称，并谈谈该案例对薯类休闲食品研发的借鉴意义。

扫码领取表格，见数字资源 3-1。

数字资源 3-1

流程 3 制作并汇报薯类休闲食品的创新案例

分组讨论薯类休闲食品的创新案例，按“是什么、创新点、怎么看、如何做”整理撰写形成 PPT 或海报或演讲稿等，安排专人汇报，听取同学们建议后进行改进，并提交作业。

案例名称	
创新点	
怎么看待产品的创新点	
该类产品你会如何设计	

任务二 学习薯类休闲食品生产基础知识

学习目标

1. 应知薯类休闲食品的原料加工特性。
2. 应知薯类休闲食品常用的加工方法。
3. 应会正确选择薯类休闲食品的生产技术和加工设备。

任务流程

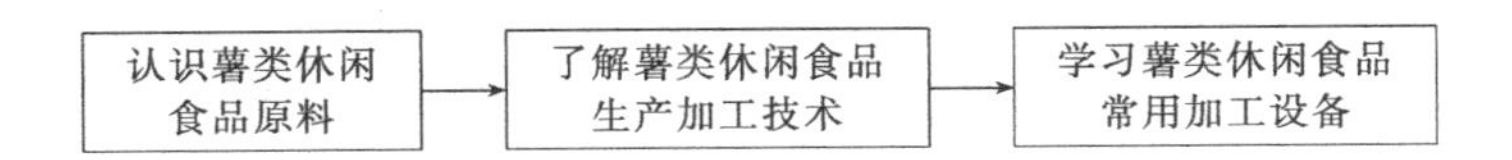

流程 1 认识薯类休闲食品原料

问一问

说说薯类的营养价值。

学一学

马铃薯的原料特点

薯类主要有马铃薯、甘薯、木薯以及山药等，本模块主要学习马铃薯原料特点。马铃薯有“地下苹果”之美誉，具有脂肪含量低，糖类、维生素、钾含量高等特点。

1. 蛋白质

马铃薯蛋白质的氨基酸构成平衡，共含有 18 种氨基酸，包括人体不能合成的 8 种必需氨基酸，且富含谷类食物中相对不足的赖氨酸和色氨酸，每100g鲜薯中含赖氨酸93mg、色氨酸32mg，属于完全蛋白质，将马铃薯与谷类混合食用可提高蛋白质的利用率。

2. 脂肪

马铃薯中脂肪含量较低，一般在0.04%～0.94%，平均在0.2%，相当于粮食作物的1/5～1/2，主要成分是甘油三酯、棕榈酸、豆蔻酸及少量的亚油酸和亚麻酸。

3. 糖类

马铃薯的糖类含量丰富，以淀粉为主。虽然马铃薯鲜薯糖类含量仅为17.2g/100g，但是全粉中含量为79.2g/100g，高于大米、小麦和玉米（分别为77.9g/100g、69.9g/100g、70.3g/100g）。马铃薯鲜薯能量密度仅为77kJ/100g，远低于大米、小麦及玉米（分别为347kJ/100g、339kJ/100g、350kJ/100g）。但是，脱水马铃薯及马铃薯全粉能量密度与稻米、小麦及玉米相当，分别为344kJ/100g、355kJ/100g。

4. 维生素

马铃薯是所有粮食作物中维生素种类最全的，与蔬菜相当，主要分布在块茎的外层和顶部，主要包括维生素A、维生素B_1、维生素B_2、维生素B_3、维生素B_6以及维生素C等，还含有其他禾谷类粮食所没有的胡萝卜素。另外，营养学实验表明，若每天食用0.25kg的新鲜马铃薯则可满足一个人24h的维生素摄入需求。

5. 矿物质

马铃薯块茎中矿物质元素含量占干物质总量的2.2%～7.8%，平均在4.6%，含有人体所需的矿物质元素，其中磷、钾含量较高。钾的含量约占灰分总量的2/3；磷约占灰分总量的1/10，磷元素的含量与淀粉的黏度有关，磷含量越高，淀粉黏度就越大。另外，马铃薯块茎中还含有钙、镁、硫、氯、硅、钠等元素。

6. 纤维素

马铃薯块茎的纤维素含量在0.2%～3.5%。当加工含有大量纤维素的马铃薯时，会产生废渣，国内主要利用薯渣制成醋、酱油、白酒、膳食纤维、果胶、饲料等，国外有研究将薯渣通过发酵方法制成燃料级乙醇、酶、精饲料以及可降解塑料。

7. 酶类

马铃薯中含有淀粉酶、蛋白酶、氧化酶等。氧化酶有过氧化酶、细胞色素氧化酶、酪氨酸酶、葡萄糖氧化酶、维生素C氧化酶等。这些酶主要分布在马铃薯能发芽的部位，并参与生化反应。马铃薯在空气中的褐变就是其氧化酶的作用。通常防止马铃薯变色的方法是破坏酶类或将其与氧隔绝。

8. 注意事项

马铃薯发芽后，会生成有毒的龙葵碱糖苷，平均含量约0.12%，但呈绿色部分含量会增加3倍，外皮及幼芽中含量则更高。正常人体一次性食入龙葵碱糖苷0.2～0.4g就可能引起急性中毒。

做一做

1. 查阅资料，对比分析马铃薯与传统三大主粮的营养成分，完成下列表格。

马铃薯与三大主粮的营养对比（每百克营养含量）

种类	热量	糖类	脂肪	蛋白质	纤维素
马铃薯					
大米					
小麦					
玉米					

2. 总结马铃薯在加工过程中需要注意的原料问题及解决的途径，以思维导图形式呈现。

流程 2　了解薯类休闲食品生产加工技术

数字资源 3-2

薯类工业生产加工常用哪些生产技术？有哪些相应的产品？

扫码领取表格，见数字资源 3-2。

薯类休闲食品加工技术

我国的薯类资源丰富，薯类加工历史悠久，目前市场的薯类食品有：

（1）方便食品、快餐食品、方便半成品，如薯面、薯粉、薯类面包、薯类糕点、脱水薯片（条、泥）、薯类方便面等。

（2）休闲食品，如油炸马铃薯片、烘焙马铃薯片、膨化薯片、薯脯等。

（3）其他，如薯类饮料、薯类罐头、薯类酒等。

主要用到的加工技术包括油炸、膨化、焙烤、脱水干燥等，本模块重点讲解目前工业薯类加工中使用最广泛的油炸技术。

一、油炸的机理

油炸加工主要是依靠热油的热传导，制品加入烧热的油中，被热油所包围，产生热交换，使制品炸熟。其加热过程如下：将食品置于热油中，食品表面温度迅速升高，水分汽化，表面出现一层干燥层，然后水分汽化层便向食品内部迁移，当食品的表面形成一层干燥层，其表面温度升至热油的温度，而食品内部的温度慢慢升高并使食物熟化。

二、油炸的影响因素

传热的速率取决于油温与食品内部之间的温度差及食品的热导率。具体的食品干燥时间与以下因素有关：食品的种类、油炸的温度、油炸的方式、炸油和投料量的关系、食品的厚度、所要求的食品品质改善程度等。

三、油炸的类型

1. 浅层煎炸

浅层煎炸适合于表面积较大的食品，如馅饼等，一般在工业化油炸加工中应用较少，主要用于餐馆、饭店和家庭的烹调油炸食品制作。浅层油炸对油的利用率较低，浪费较大，致使产品生产成本增高。

2. 纯油油炸

纯油油炸又称传统油炸，完全以油为加热介质，多用于家庭或者小作坊生产油炸食品。其缺点是油炸过程中全部油处于高温状态，油脂会产生热氧化反应，生成不饱和脂肪酸的过氧化物；随着油使用时间延长，积存在锅底的食物残渣氧化生成亚硝基吡啶等致癌物质，降低食品的营养价值；重复多次油炸后油很快变质，黏度升高，可能变成黑褐色，不能食用。

3. 水油混合油炸

水油混合油炸是指在同一容器内加入水和油，水和油因相对密度不同而分成两层，上层是相对密度较小的油层，下层是相对密度较大的水层，在油层中部水平设置加热器加热。水油混合油炸食品时，食品的残渣碎屑下沉至水层，而下层水温比上层油温低，可以缓解炸油的氧化程度，同时沉入下层水层的食物残渣可以过滤去除，可大大减少油炸用油的污染，保持其良好的卫生状况。水油混合式深层油炸工艺具有限位控制、分区控温、自动过滤、自我净化等优点，在油炸过程中，炸油始终保持新鲜状态，所炸制的食品不但色、香、味、形俱佳，而且外观洁净漂亮，同时还可大大减少油炸用油的浪费，节油效果十分显著。

4. 真空低温油炸

真空低温油炸是20世纪60年代末兴起的，用于油炸马铃薯片，获得了比传统油炸工艺品质更好的产品，后来广泛应用于果蔬制品、肉食品等加工中。

（1）真空低温油炸的基本原理　在减压的条件下，食品中水分汽化温度降低，能在短时间内迅速脱水，因此可实现在低温条件下对食品的油炸。热油脂作为食品脱水供热的介质，还能起到改善食品风味的重要作用。因此，真空低温下干燥和油炸的有机结合能生产出兼有两者工艺效果的食品。

（2）影响真空油炸过程的因素　①温度，油炸温度的控制是通过真空度的控制来控制的，一般控制在100℃左右；②真空度，一般保持在92.0～98.7kPa，此时纯水沸点大约为40℃；③油炸前的预处理，主要有溶液浸泡、热水漂洗和速冻处理三种，目的是使酶充分失活及提高制品的组织强度。

（3）真空低温油炸的特点　温度低，营养成分损失少；水分蒸发快，干燥时间短；具有膨化效果，复水性好；油脂劣化速度慢；油耗少，可以反复使用。

做一做

1. 扫码领取表格，谈谈影响油炸的因素及如何影响，并完成表格的填写。

见数字资源 3-3。

2. 扫码领取表格，对比分析不同油炸技术的优劣势。

见数字资源 3-4。

数字资源 3-3

数字资源 3-4

流程 3 学习薯类休闲食品常用加工设备

问一问

薯类加工前处理步骤有哪些？需要使用哪些设备？

学一学

薯类生产加工设备

一、清洗机械

1. 振动喷洗机

振动喷洗机由于有振动和喷射的双重作用，清洗效果好，适用于多种原料的洗涤。筛盘孔眼的大小、振动力等都易于调节和更换，比较适于中小型企业。

2. 转筒式清洗机

转筒式清洗机主要借助转筒的旋转，使原料不断翻转，筒壁呈栅栏状，转筒下部浸没在水中，原料随转筒转动并与栅栏板条相摩擦，达到清洗的目的。

3. 螺旋输送式清洗机

螺旋推进，旋转喷水，鲜薯在旋筒中一方面沿筒壁做圆周运动，一方面沿轴线做直线运动，加长了清洗距离，洗净度高，并可部分去皮。泥沙、石块、皮渣通过栅条缝和壳底排污口自动排出，兼有清洗和输送功能。

二、去皮机械

1. 机械去皮

机械去皮是在圆筒形容器中，依靠带有金刚砂磨料的圆盘、滚轮或依靠特制橡胶辊在中速或高速旋转中磨蚀薯类表皮，摩擦下来的皮屑被清水冲走而达到去皮的目的。机械去皮机适用于加工直接炸制的薯制品。

2. 蒸汽去皮

在高压容器内，通入高压蒸汽使薯块表面受热，然后打开容器盖，瞬间释放压力，薯块表皮和果肉即自行分离。容器内通入的蒸汽压力一般为490～580kPa，温度为158℃。使用蒸汽去皮，优点是薯块外表光滑，果肉损失率较小；缺点是机械结构复杂，薯块表层留下蒸煮层，不适宜用来加工直接油炸制品。

3. 碱液去皮

利用碱液的腐蚀性来使薯块表面中的胶层溶解，从而使薯块皮分离。碱液去皮常用氢氧化钠，常在碱液中加入表面活性剂如2-乙基己基硫酸酯钠盐，使碱液分布均匀以帮助去皮。经碱液处理后的薯块必须立即在冷水中浸泡、清洗、反复换水直至表面无腻感且口感无碱味为止。碱液去皮的优点是对不同大小、不同形状的薯块适应性好，去皮快；缺点是冲洗薯块需要大量清水，皮屑不能利用，排出的废液污染环境。

三、切片机械

工业常用离心切片机，以一定速度（约260r/min）回转的叶轮带动料块做圆周运动，使得料块在离心力的作用下被抛向机壳内壁，此离心力可达到其自身质量的7倍，使物料紧压在机壳内壁并与固定刀片做相对运动，此相对运动将料块切成厚度均匀的薄片，切下的薄片从排料槽卸出。调整刀片的间隙和更换刀片，可以切成不同厚度和不同形状的薯片或薯条规格。

做一做

1. 总结马铃薯的去皮方法，并分析其优缺点，请以思维导图形式呈现。
2. 如何改善工艺让薯片成片更快速、更标准、更统一？

项目二　薯类休闲食品的加工制作

任务一　制作鲜切油炸薯片

实训目标

1. 应知鲜切油炸薯片的制作工艺。
2. 应会鲜切油炸薯片原料马铃薯的选择与处理。
3. 应会鲜切油炸薯片的加工制作。
4. 应会对鲜切油炸薯片进行质量管理与控制。

实训流程

接收工单→配方设计→准备工作→实施操作→产品评价→总结评价。

扫码领取表格，见数字资源 3-5。

数字资源 3-5

流程 1 接收工单

序号：________ 日期：________ 项目：________

品名	规格	质量	完成时间
鲜切油炸薯片	______g/袋	______袋/组	2 学时
附记	根据教学实际下达工单任务		

流程 2 配方设计

1. 参考配方（以 1000g 马铃薯为基准）

辣味马铃薯片：辣椒粉 21.6g、胡椒粉 13.5g、五香粉 13.5g、食盐 48.6g、味精 2.8g。

甜味马铃薯片：食糖 100g。

鲜味马铃薯片：食盐 80g、味精 16g、五香粉 4g。

蒜味马铃薯片：蒜粉 58.3g、食盐 33.3g、味精 8.4g。

也可使用薯片专用调味粉（复配调味粉）进行调味。

2. 配方设计表

通过对工单解读、查阅资料等，设计鲜切油炸薯片的配方，并填写到下表中。

鲜切油炸薯片配方设计表

序号	材料	用量	序号	材料	用量
1			6		
2			7		
3			8		
4			9		
5			10		

流程 3 准备工作

通过对工单解读，结合设计的产品配方需求，将鲜切油炸薯片加工所需的设备和原辅料填入下面表格中。

鲜切油炸薯片加工所需设备

序号	设备名称	规格	序号	设备名称	规格
1			6		
2			7		
3			8		
4			9		
5			10		

鲜切油炸薯片加工所需原辅料

序号	原辅料名称	规格	序号	原辅料名称	规格
1			6		
2			7		
3			8		
4			9		
5			10		

流程 4　实施操作

1. 工艺流程

选料→去皮→切片→护色→漂洗→焯水→油炸→调味。

2. 操作要点

（1）选料　选择马铃薯，要求块茎形状整齐，大小均一，表皮薄，芽眼浅而少；淀粉和总固形物含量高，还原糖含量低，应在 0.5%以下（一般为 0.25%～0.3%）；相对密度大，一般在 1.06～1.08，干物重以 14%～15%为佳。

（2）去皮　去皮后放入 1%的盐水中浸泡。

（3）切片　切成 1～1.5mm 厚的薄片。

（4）护色　切片后放入护色液（0.045%亚硫酸氢钠+0.01%柠檬酸）中浸泡 30min。

（5）漂洗　将马铃薯片用自来水反复漂洗，洗去残留的亚硫酸氢钠，沥干。

（6）焯水　水烧开，投入马铃薯片略热烫，迅速捞出后冷水过两遍，控干水分，目的在于去除马铃薯片表面的部分淀粉，使油炸后颜色金黄。

（7）油炸　油温 150～170℃，放入马铃薯片，油炸 3min，油炸过程中不停搅拌，防止粘锅。

（8）调味　马铃薯片炸好后，将调味粉迅速均匀撒到马铃薯片表面，稍冷却即可食用，注意必须立即调味，让调味料更好地附着在马铃薯片表面。

流程 5　产品评价

1. 产品质量标准

扫码领取表格，见数字资源 3-6。

数字资源 3-6

2. 产品感官评价

查阅相关标准，对制作的鲜切油炸薯片进行感官评价，并填写下表。

项目	感官评价
形态	
色泽	
滋味和气味	
口感	
杂质	
评价人员签字	

流程 6　总结评价

1. 请扫码领取表格，并填写有关安全注意事项及防护措施等。见数字资源 3-7。

数字资源 3-7

2. 请扫码领取表格，并填写相关内容，对本项目进行总结评价。见数字资源 3-8。

数字资源 3-8

任务二　制作焙烤薯片

实训目标

1. 应知焙烤薯片的制作工艺。
2. 应会正确选择焙烤薯片的原料。
3. 应会焙烤薯片的工艺操作。
4. 应会对焙烤薯片进行质量管理与控制。

实训流程

接收工单→配方设计→准备工作→实施操作→产品评价→总结评价。

扫码领取表格，见数字资源 3-9。

数字资源 3-9

流程1 接收工单

序号：________ 日期：________ 项目：________

品名	规格	质量	完成时间
焙烤薯片	______g/袋	______袋/组	4学时
附记	根据教学实际下达工单任务		

流程2 配方设计

1. 参考配方

马铃薯全粉与面粉比例为4∶6，并以此为基准添加糖25%、植物黄油15%、食盐1%、小苏打1%、味精1%、碳酸氢铵0.4%。

2. 配方设计表

焙烤薯片是近年来新兴的一类薯片，工业化生产通常使用马铃薯全粉（又称马铃薯雪花粉）为原料，采用焙烤技术加工而成，属于非油炸薯片。查阅文献，设计焙烤薯片配方，并填写到下表。

焙烤薯片配方设计表

序号	材料	用量	序号	材料	用量
1			6		
2			7		
3			8		
4			9		
5			10		

流程3 准备工作

通过对工单解读，结合所设计的产品配方，及查阅资料，将焙烤薯片加工所需的设备和原辅料填入下表中。

焙烤薯片加工所需设备

序号	设备名称	规格	序号	设备名称	规格
1			6		
2			7		
3			8		
4			9		
5			10		

焙烤薯片加工所需原辅料

序号	原辅料名称	规格	序号	原辅料名称	规格
1			6		
2			7		
3			8		
4			9		
5			10		

流程 4　实施操作

1. 工艺流程

混粉→和面→静置→压制→制坯→成型→焙烤→调味→包装。

2. 操作要点

（1）配料　马铃薯全粉、面粉、糖粉等过 60 目过筛，并混合均匀。

（2）面团调制　植物黄油加热熔化，加入上述配料中，混合均匀；食盐、小苏打加水溶解后，加入配料中，揉制成团。

（3）静置　面团静置 15min，缓和面团，使面团恢复松弛状态，消除张力，降低黏性，防止成品薯片收缩、变形。

（4）辊压　压面机辊压成型。辊轧一次后，折叠并旋转 90°后再次辊压，重复 10 次。压延成厚薄均匀、表面光滑、形态平整和质地细腻的面带，厚度为 1.5mm。

（5）成型　模具成型，并在生胚上扎气孔。

（6）焙烤　底火 140℃，面火 170℃，焙烤 7min，取出烤盘，冷却。

（7）调味　将调味粉迅速均匀撒到薯片表面，注意必须立即调味，让调味料更好地附着在薯片表面。

（8）包装　焙烤薯片冷却完成后，用包装袋封口包装。

流程 5　产品评价

数字资源 3-10

1. 产品质量标准

扫码领取表格，见数字资源 3-10。

2. 产品感官评价

查阅产品质量标准，对制作的焙烤薯片进行感官评价。

项目	感官评价
形态	
色泽	
滋味和气味	

续表

项目	感官评价
口感	
杂质	
评价人员签字	

流程 6　总结评价

数字资源 3-11

数字资源 3-12

1. 请扫码领取表格，并填写有关安全注意事项及防护措施等。见数字资源 3-11。
2. 请扫码领取表格，并填写相关内容，对本项目进行总结评价。见数字资源 3-12。

任务三　制作红薯脯

实训目标

1. 应知红薯脯的制作工艺。
2. 应会红薯脯的原料选择与前处理。
3. 应会红薯脯的加工制作。
4. 应会对红薯脯进行质量管理与控制。

实训流程

接收工单→配方设计→准备工作→实施操作→产品评价→总结评价。扫码领取表格，见数字资源 3-13。

数字资源 3-13

流程 1　接收工单

序号：＿＿＿＿＿＿　日期：＿＿＿＿＿＿　项目：＿＿＿＿＿＿

品名	规格	质量	完成时间
糖渍红薯脯	＿＿g/袋	＿＿袋/组	4 学时
附记	根据教学实际下达工单任务		

流程 2 配方设计

1. 参考配方

红薯 5kg、蔗糖 3kg、明矾 0.02kg、食盐 0.16kg、生石灰适量。

2. 配方设计表

通过对工单解读、查阅资料等，设计红薯脯的配方，并填写到下表中。

红薯脯配方设计表

序号	材料	用量	序号	材料	用量
1			6		
2			7		
3			8		
4			9		
5			10		

流程 3 准备工作

通过对工单解读，结合上述配方设计，及查阅资料，将红薯脯加工所需的设备和原辅料填入下表中。

红薯脯加工所需设备

序号	设备名称	规格	序号	设备名称	规格
1			6		
2			7		
3			8		
4			9		
5			10		

红薯脯加工所需原辅料

序号	原辅料名称	规格	序号	原辅料名称	规格
1			6		
2			7		
3			8		
4			9		
5			10		

流程 4 实施操作

1. 工艺流程

选料→清洗→去皮→切片→护色→硬化→糖制→烘干→包装→成品。

2. 操作要点

（1）选料　选择质地紧密、无创伤、无污染、无霉烂、块形圆整的块根。

（2）清洗　将红薯洗涤干净，最后用清水冲洗 1 次。

（3）去皮、切片　用去皮机或人工将薯皮去掉，然后用切片机将红薯切成厚度 6～8mm 的薄片，用清水洗去红薯片表面的碎屑。

（4）护色　取一缸，先配好含盐 2%、明矾 0.2%的水溶液倒入缸中，再将红薯片倒入缸中，浸渍 8～10h。捞出，用清水冲洗 2 次后，再换清水浸泡 8～10h。捞出、沥干。

（5）硬化　0.2%～0.5%石灰液浸泡薯片 12～16h，硬化后用清水漂洗 10～15min。

（6）糖制　第一次糖煮，配制 40%糖液并煮沸，放入红薯片，再煮 10min 停火。将红薯片连同糖液一起倒入缸内，浸渍 1 天后捞出，沥去余汁。第二次糖煮，配制含 55%蔗糖及 0.2%柠檬酸的混合溶液。将红薯片放入煮开的溶液中，再煮 10min 后停火，静置 4～5h 后捞出，沥去余汁。第三次糖煮，配制含 60%蔗糖、0.2%柠檬酸及 5%蜂蜜的混合溶液，将红薯片置于煮开的溶液中，煮沸 15～20min（可间歇煮沸），煮至糖液中含糖 68%以上、pH 值为 3.5～3.8 时即可停火，糖渍过夜。

（7）烘干、包装　将红薯片捞出，沥干糖液，摊入烘盘，送入烘房烘烤，温度控制在 65～70℃，经过 8～12h，红薯片的含水量降至 16%～18%时即可出烘房。晾凉后，除去碎屑和小块，即可进行定量密封包装。

流程 5　产品评价

数字资源 3-14

1. 产品质量标准

扫码领取表格，见数字资源 3-14。

2. 产品感官评价

参考有关标准，对制作的红薯脯进行感官评价。

项目	感官评价
形态	
色泽	
滋味和口感	
风味	
杂质	
评价人员签字	

流程 6 总结评价

数字资源 3-15

1. 请扫码领取表格，并填写有关安全注意事项及防护措施等。见数字资源 3-15。

2. 请扫码领取表格，并填写相关内容，对本项目进行总结评价。见数字资源 3-16。

数字资源 3-16

任务四 探索制作创意薯类休闲食品（拓展模块）

实训目标

1. 应知薯类休闲食品的研发流程。
2. 应能激发自我的创新意识。
3. 应能培养塑造自我的创新思维。
4. 应有产品开发和独立创新的能力。
5. 应会研制新薯类休闲食品。

实训流程

流程 1 创意薯类休闲食品案例学习

以小组为单位，自主检索、调研学习创意薯类休闲食品，包括市场上的创意产品、相关比赛的创意产品、自主研发的创意产品等，至少列举 2 个案例，并汇报说明创意。

流程 2 分小组进行薯类休闲食品创意设计的头脑风暴

以小组为单位，对薯类休闲食品的创意设计进行头脑风暴、讨论分析，形成一个可行的创意产品，小组选择一人做简要的汇报。

流程 3 创意薯类休闲食品的产品方案制订

扫码领取方案制订模板并填写，制订方案。
见数字资源 3-17。

数字资源 3-17

流程 4 创意薯类休闲食品的研发制作

完成创意薯类休闲食品的研发设计与制作。

流程 5 创意薯类休闲食品的评价改进

以小组为单位提交创意薯类休闲食品的制作视频、产品展示说明卡、产品实物，按照评分表进行综合性评价，具体包括自评、小组评价、教师评价，提出产品的改进方向或措施。

扫码领取表格，见数字资源 3-18。

项目三 模块作业与测试

一、实训作业

项目名称：____________________ 日期：____年__月__日

原辅料	质量/g	制作工艺流程
仪器设备		
名称	数量	
过程展示(实操过程图及说明等)		

续表

样品品评记录	
样品概述	
样品评价	
品评人：	日期：
总结(总结不足并提出纠正措施、注意事项、实训心得等)	
反馈意见：	
纠正措施：	
注意事项：	

二、模块测试

扫码领取试题，见数字资源 3-19。

数字资源 3-19

拓展阅读

马铃薯主食化进展

2015 年，我国启动“马铃薯主粮化”战略。有关统计数据显示，到 2020 年全国马铃薯种植面积为 7000 万亩（1 亩=666.67m^2）以上，产量近 9000 万吨，种植面积和总产量双居全球第一。马铃薯主粮化主要表现在产物升级换代、品种推陈出新上。农业农村部统计数据显示，我国马铃薯主食中全粉添加比例已由第一代产物的 30%以下，进步到第二代产物的 50%以上，全粉配比 55%的馒头、50%的面条、50%的复配米已在市场普遍售卖。产品品种由馒头、面条、米粉，拓展到饺子、饼、凉皮、蒸包、油条、麻花、煎饼等，已经形成包含马铃薯主食、马铃薯休闲食品、地方特色马铃薯食品等系列产品。越来越多的消费者认识到马铃薯是一种健康食品，从过去停留在副食阶段开始进入主粮和副食综合利用的阶段。可喜的是地区特点型、休闲消遣型、功效保健型等马铃薯主食产物，例如航空食物、列车食物，正慢慢被开发出来，以满足差别地区、差别人群、差别消费者的需求。

在“马铃薯主粮化”战略引领下，相关企业建设了一批质料临盆基地，新上了一批临盆线，马铃薯主食产品加工范围不断扩展。试点省和重点区都出现了一批动员力强、信用度高的马铃薯主食加工企业。马铃薯主食产业能帮助解决资源和环境的双重压力，是推行农业转方式调结构，促进第一、第二、第三产业融合发展的抓手和突破口。未来 30 年，将是我国农产品加工业发展的战略机遇期、黄金期和关键期，马铃薯加工产业将是重要发展领域。

参考文献

［1］ 蔡仁祥，成灿土，林宝义．马铃薯营养价值与主食产品［M］．杭州：浙江科学技术出版社，2018.

［2］ 张晨光．马铃薯栽培与加工技术［M］．天津：天津科学技术出版社，2016.

［3］ 樊振江，李少华．休闲食品加工技术［M］．北京：中国科学技术出版社，2012.

［4］ 陈萌山，王小虎．中国马铃薯主食产业化发展与展望［J］．农业经济问题，2015（12）：4-11.

模块四

果蔬类休闲食品加工技术

【课程思政】 绿色果蔬，健康生活

课前问一问

1. 你每天摄入的蔬菜水果有多少种？平均每日摄入量有多少？
2. 你的家乡盛产哪些蔬菜水果？它们会以什么产品形态出现？

党的二十大报告提到，推进健康中国建设，把保障人民生命健康放在优先发展的战略位置。水果蔬菜种类繁多，风味各异且富含维生素、矿物质和膳食纤维等营养物质，对保持心血管健康、增强抗病能力及预防某些癌症等方面起着重要的作用。《中国居民膳食指南(2022)》中蔬菜水果位居中国居民平衡膳食宝塔第二层，推荐每人每天摄入蔬菜 300～500g、水果 200～350g。同时首次提出“东方膳食模式”，该饮食模式中蔬菜水果摄入丰富，其能预防高血压及心血管等疾病的发生。

《黄帝内经·素问》中提到“五谷为养，五果为助，五畜为益，五菜为充”，中国人民很早就知道食用果蔬调养身体。我国果蔬种植有着悠久的历史，在西安半坡遗址中，就发现储藏有十字花科植物的种子。宋代以来，我国的蔬菜种植和食用更加广泛，除了通过引进外来的“胡”系列、“番”系列、“洋”系列品种外，我国古代劳动人民还自行培育了一些极为重要的蔬菜品种，如茭白和白菜等。同时我国古代劳动人民积累了大量的果蔬栽培实践经验，并形成专著，例如西汉的《氾胜之书》、北魏的《齐民要术》等。

如今我国果蔬类原料的种植资源非常丰富，是世界最大的果蔬生产和加工基地，品种和产量都居于世界前列，以种类多、品种全、质量佳而闻名。果蔬类休闲食品由于其原料本身营养健康，同时又具有丰富的色香味形和质构等典型特征，因此在诸多休闲食品品类中越来越受到消费者的喜爱。果蔬产业是我国农业创汇的重要组成，果蔬加工业也成为我国农产品加工业中具有明显比较优势和国际竞争力的行业。我国的果蔬罐头产品已在国际市场上占据绝对优势和市场份额，例如橘子罐头、蘑菇罐头等；我国脱水蔬菜出口量居世界第一，年出口平均增长率高达18.5%。果蔬产品集环保、健康和营养等多种优势于一体，成为未来健康产业的重要发展领域之一。

课后做一做

1. 分组调研我国各地盛产的果蔬名品及其开发利用情况，并形成报告提交。
2. 请你为家乡的1种果蔬“代言”，以海报或视频等形式进行介绍推广。

项目一　果蔬类休闲食品生产基础知识

任务一　了解果蔬类休闲食品前沿动态

学习目标

1. 应知果蔬类休闲食品的市场动态。
2. 应具备开展果蔬类休闲食品调研的能力。
3. 应具备团队合作、沟通协调的能力。

任务流程

流程1　调研果蔬类休闲食品的相关信息

通过以下途径调研查阅相关信息，记录整理结果。
1. 联系生活，说说你日常食用的果蔬类休闲食品有哪些。
2. 网络检索，查查市场上果蔬类休闲食品有哪些。
3. 阅读资料，看看果蔬类休闲食品包含哪些类别。

流程2　搜索果蔬类休闲食品的创新案例

在网络和图书中查找果蔬类休闲食品的创新产品案例，写下拟订作为汇报材料的案例名称，并谈谈该案例对果蔬类休闲食品研发的借鉴意义。

扫码领取表格，见数字资源4-1。

数字资源4-1

流程 3　制作并汇报果蔬类休闲食品的创新案例

分组讨论果蔬类休闲食品的创新案例，按“是什么、创新点、怎么看、如何做”整理撰写形成 PPT 或海报或演讲稿等，安排专人汇报，听取同学们建议后进行改进，并提交作业。

案例名称	
创新点	
怎么看待产品的创新点	
该类产品你会如何设计	

任务二　学习果蔬类休闲食品生产基础知识

学习目标

1. 应知水果蔬菜的营养价值和原料加工特性。
2. 应知果蔬类休闲食品的加工方法和加工原理。
3. 应能正确选择果蔬类休闲食品的生产技术。

任务流程

认识果蔬类休闲食品原料 → 了解果蔬类休闲食品生产加工技术

数字资源 4-2

流程 1　认识果蔬类休闲食品原料

问一问

说说蔬菜、水果含有哪些重要的营养物质？如何加工、烹调这些食物能最大限度地减少营养物质的流失？我们应该如何合理利用？

扫码领取表格，见数字资源 4-2。

学一学

果蔬原料加工特性

一、果蔬原料的营养

果蔬类原料是以植物的果实、幼嫩的种子、稚嫩的叶芽或根茎等作为主要供食部位的一类植物类原料的总称。果蔬类原料含有大量的水分、糖类、维生素、矿物质，但蛋白质、脂肪的含量则相对较低。蔬菜、水果所含糖类包括淀粉、纤维素和果胶物质。新鲜蔬菜、水果是维生素 C、胡萝卜素、维生素 B_2 和叶酸的重要来源。但是维生素 A、维生素 D 在蔬菜中的含量较低。果蔬中钙、磷、铁、钾、钠、镁、铜等含量较为丰富，是膳食中无机盐的主要来源，对维持体内酸碱平衡起重要作用。果蔬中还含有一些酶类、杀菌物质和具有特殊功能的生理活性成分。有些果蔬中还含有有机酸、芳香油、天然色素等，这些物质对增加食欲、促进消化等具有一定的作用。

二、果蔬原料的成熟度和采收期

果蔬原料的成熟度、采收期适宜与否，将直接关系到加工成品的质量高低和原料的损耗大小。不同的加工品对果蔬原料的成熟度和采收期要求不同。在果蔬加工学上，一般将成熟度分为三个阶段，即可采成熟、加工成熟（食用成熟）和生理成熟（过熟成熟）。

可采成熟是指果实充分膨大长成，但风味还未达到顶点的阶段。此时采收的水果须经后熟方可达到加工要求。果脯类产品的原料如苹果、香蕉、桃等水果可在此时采收。工厂为了延长加工期也常在此时采收入储，以备以后加工。

加工成熟是指果实具备该品种应有的加工特征的阶段，又可分为适当成熟阶段与充分成熟阶段。不同产品加工方式不同，要求的成熟度也不同。如制造果汁类产品，要求原料充分成熟，色泽好且香味浓，酸甜适中，榨汁容易，吨耗低；制造干制品类，果实也要求充分成熟，否则缺乏应有的果香味，制品质地坚硬，而且有的果实若青绿色未褪尽，干制后会因叶绿素分解变成暗褐色，影响外观品质；制造果脯、罐头类则要求原料成熟适当，这样的果实因含原果胶较多，组织比较坚硬，可以经受高温煮制；果糕、果冻类加工时，也要求原料具有适当的成熟度，其目的是利用原果胶含量高，使制成品具有凝胶特性。

生理成熟是指果实质地变软或老化，营养价值降低的阶段。这种果实除了可制成果汁和果酱外，一般不适宜加工其他产品。

果蔬加工品种类繁多，每种加工品所需原料成熟度有所不同，且果蔬种类也繁多，而用于加工的每种原料的最适宜的采收期也不同。故在确定最佳采收期时可根据大小、色泽、硬度、主要化学成分的变化以及结合实际经验来判断。

三、果蔬原料的新鲜度与果蔬加工

加工用原料越新鲜完整，加工品的品质也就越好，吨耗率也就越低。但是果蔬是鲜活易腐品，在采收、搬运过程中极易造成机械损伤，被微生物大量侵染，给以后的杀菌工序带来困难，甚至可能严重腐烂，彻底失去加工价值。另外，果蔬采收后，其细胞仍会继续进行一系列代谢活动，从而使体内积累的营养物质不断地进行降解，使品质劣化。总之，果蔬加工要求从采收到加工的时间尽量缩短，如果必须放置或进行远途运输，则应有一系列的保藏措施，以保证果蔬的新鲜、完整。同时，在装卸、运输过程中应尽量避免伤害果蔬组织。

四、果蔬原料的加工预处理

果蔬制品加工方法很多，但加工前一般都要经过预处理。果蔬原料的加工预处理包括选别、分级、洗涤、去皮、修整、切分、烫漂（预煮）、护色、半成品保存等。尽管果蔬种类和品种、组织特性各异，加工的方法也不同，但加工前的预处理过程基本相同。

（一）原料的选别

果蔬原料进厂后首先要进行粗选，即要剔除霉烂、病虫害及不新鲜的果实，除去肉眼可见的土石、草木屑等有形物。对残、次果蔬和损伤不严重的则先进行修整后再使用。

（二）原料的分级

包括按大小分级、按成熟度分级和按色泽分级，其中色泽和成熟度分级常用目视估测进行。大小分级是分级的主要内容，几乎所有的加工类型都需要按大小分级。分级的设备主要有滚筒式分级机、振动筛、分离输送机。

（三）原料的清洗

除去原料表面附着的灰尘、泥沙、微生物及部分残留的农药。除蜜饯、果脯可用硬水外，其余加工原料的洗涤都必须用软水。水温一般采用常温，有时为增加洗涤效果，也可用温水。清洗方法主要有手工清洗和机械清洗。

（四）原料的去皮

(1) 手工去皮　用刀、刨等工具人工去皮。

(2) 机械去皮　常用机械有旋皮机、擦皮机、专用去皮机。

(3) 碱液去皮　是果蔬原料去皮中应用最广的方法。采用碱性化学物质，如氢氧化钠、氢氧化钾或两者的混合液去皮。利用碱的腐蚀性，将果蔬表皮与肉质间的果胶物质腐蚀溶解，皮肉之间的细胞松脱，使表皮与肉质发生分离而去皮。碱液去皮后的果蔬原料应立即投入流动的水中进行彻底漂洗，擦去皮渣，漂洗时可用 0.1%～0.2%的盐酸或 0.25%～0.5%的柠檬酸水溶液中和碱液并防止变色。

(4) 热力去皮　一般是利用 100℃左右的高温对果蔬原料进行短时间加热，果蔬表皮在这种急热作用下变得松软，并与内部肉质组织脱离，甚至膨胀破裂，之后迅速将其冷却而去皮。此方法适用于成熟度较高的果蔬。热源为蒸汽（常压或加压）、热水。

(5) 冷冻去皮　将果蔬原料置于低温环境中，在极短时间内使表皮冻结，其冻结深度略厚于皮层而不深及肉质层，然后解冻，使皮层松弛，表皮与肉质发生分离而去皮。

（五）原料的烫漂

烫漂可钝化酶活性、防止酶褐变；软化或改进组织结构；稳定或改进色泽；除去部分辛辣味和其他不良风味；降低果蔬中的污染物及微生物数量。常用的烫漂方法有：

(1) 热水烫漂　将果蔬原料置于沸水或略低于沸点的热水中进行加热处理，时间因原料而不同。

(2) 蒸汽烫漂　将果蔬原料直接在蒸汽的喷射下进行热处理，温度在 100℃左右。

(3) 热风烫漂　利用温度高达 150～160℃的高温热风来处理果蔬原料，同时喷入少量蒸汽可增进抑制酶活性的效果。

烫漂的设备主要有夹层锅、链带式连续预煮机、螺旋式连续预煮机。

（六）工序间护色

去皮、切分后的果蔬变色主要是酶促褐变。常用的护色方法有以下几种。

（1）烫漂护色　钝化酶活性，防止酶褐变，稳定或改进色泽。

（2）食盐溶液护色　食盐对酶的活性有一定的抑制和破坏作用；另外，氧气在盐水中的溶解度比在空气中小，也起到一定的护色效果。果蔬加工中常用1%～2%的食盐溶液护色。

（3）亚硫酸盐溶液护色　亚硫酸盐既可抑制酶褐变又可抑制非酶褐变。

（4）有机酸溶液护色　大多数情况下，多酚氧化酶的最适 pH 值在 4～7 之间，所以，有机酸溶液可以降低 pH 值，抑制多酚氧化酶的活性，同时它又可以降低氧气的溶解度而兼有抗氧化的作用。

（七）原料硬化

硬化又称保脆，使果蔬耐煮制、不软烂，改善制品品质，如可使硬化后的果蔬制品食之有生脆之感等。可使用硬化剂硬化，常用的硬化剂有氯化钙、亚硫酸氢钙等。硬化剂的浓度、硬化时间因果蔬原料种类、加工制品的要求不同而异。硬化后的原料加工前应进行漂洗。

做一做

1. 查阅资料，任选 4 种果蔬加工中常见的果蔬原料，并对比分析它们的营养价值，完成表格。

扫码领取表格，见数字资源 4-3。

2. 总结果蔬在加工过程中需要注意的原料问题，完成表格。

扫码领取表格，见数字资源 4-4。

3. 拓展阅读：水果与健康（扫码领取资料，见数字资源 4-5）、蔬菜与健康（扫码领取资料，见数字资源 4-6）。

数字资源 4-3

数字资源 4-4

数字资源 4-5

数字资源 4-6

流程 2　了解果蔬类休闲食品生产加工技术

问一问

果蔬类休闲食品的加工技术有哪些？

学一学

果蔬加工技术

果蔬加工品种类很多，根据其保藏原理和加工工艺的不同，可以分为罐制品、汁制品、糖制品、干制品、酒制品、速冻制品、腌制品、果蔬脆片和鲜切果蔬等。

拓展阅读：罐头工业发展概况。

扫码领取资料，见数字资源 4-7。

数字资源 4-7

一、果蔬罐藏加工技术

罐藏食品又称罐头，是将食品原料经过预处理，装入容器，经排气、密封、杀菌、冷却等工序制成的食品。罐头具有常温下安全卫生并可长时间存放，较好保存食品原有的色、香、味和营养价值，不需要加入防腐剂等优点。

果蔬罐藏原理：商业无菌和罐藏容器密封，缺一不可。会影响罐头杀菌效果的因素包括微生物的种类和数量、食品 pH 值、食品中的化学成分、传热效果等。

微生物的生长繁殖是导致食品腐坏的主要原因之一。如杀菌不够，残存在罐头内的微生物当条件转变到适宜于其生长活动时，或密封不严而造成微生物重新侵入时，就会造成罐制品的腐坏。食品中常见的微生物主要有霉菌、酵母菌和细菌。霉菌和酵母菌广泛分布于大自然中，耐低温的能力强，但不耐高温，一般在加热杀菌后的罐制品中不能生存，加之霉菌又不耐密封条件，因此这两种菌在罐制生产中是比较容易控制和杀死的。导致罐制品腐坏的微生物主要是细菌，因而热杀菌的标准都是以杀死某类细菌为依据。

食品的酸度对微生物耐热性的影响很大。绝大多数产生芽孢的微生物在 pH 值中性范围内耐热性最强，pH 值升高或降低都会减弱微生物的耐热性。特别是偏向酸性时，微生物的耐热性会明显减弱，也就提高了热杀菌的效应。通常按照果蔬罐头的酸性不同大致可以分成低酸性（$pH \geqslant 4.6$）、酸性（$3.7 \leqslant pH < 4.6$）和高酸性（$pH < 3.7$）三种类型。不同酸性的果蔬罐头其常见的腐败菌亦有所不同。在实际的生产过程中，应根据不同的果蔬罐头产品特点选择不同的杀菌方法。

二、果蔬糖制加工技术

果蔬糖制是一种古老又重要的果蔬加工技术。最早的果蔬糖制品是利用蜂蜜糖渍而成，并冠以“蜜”字，称为蜜饯，口感香甜，如蜜枣。蔗糖（白砂糖）、饴糖（主要是麦芽糖、糊精的混合物）等食糖的开发和应用，促进了果蔬糖制品加工业的迅速发展，逐步形成了风味、色泽独具特色的产品，如糖冬瓜等。果蔬糖制品按其加工方法和状态分为两大类，即果脯蜜饯类和果酱类。果脯蜜饯类是果蔬经过整理、硬化等预处理，加糖煮制而成，能保持一定形态的高糖制品，其含糖量在 60%～70%，包括果脯、蜜饯、凉果等。果酱类为果蔬的汁、肉加糖煮制浓缩而成，形态呈黏糊状、冻体或胶态，包括果酱、果泥、果冻、果糕等。果蔬糖制加工是利用高浓度糖液的渗透和扩散作用，使糖液渗入果蔬组织内部，并排出果蔬组织中的水分，即果蔬原料排水吸糖过程，从而达到长期保藏的目的。果脯蜜饯的含糖量达到 65%以上，可以产生高渗透压作用，同时经过糖制后果脯蜜饯制品中的水分活度降低，从而抑制微生物的生长，使糖制品能较长时间保藏。

三、果蔬干制加工技术

一般果蔬干制方法有自然晒干和人工脱水两种。人工脱水是在人工控制的条件下利用各种能源向物料提供热能，并造成气流流动环境，促使物料水分蒸发而排出。其特点是不受气候限制，干燥速度快，产品质量高。目前，果蔬干制生产中主要采用热风干燥和真空冷冻干燥。

（一）热风干燥

热风干燥的特点是采用合适温度的热风来促进果蔬内部水分通过毛细管向外扩散达到脱水的目的。该技术投资少、成本低、操作简单、经济效益好及应用范围广。由于能控制干燥环境的温度、湿度和空气的流速，因此，干燥时间短，制品质量好。热风干燥按照设备差异，还可以分为隧道式干燥、箱式干燥、传输带式干燥、滚筒式干燥、喷雾干燥等。

（二）真空冷冻干燥

数字资源 4-8

冷冻干燥技术在果蔬脱水加工中已得到广泛应用，冻干设备正向自动化、大型化、工业化、低能耗、智能化方向发展。

扫码领取微课，见数字资源 4-8。

1. 冷冻干燥的基本原理及特点

真空冷冻干燥，也叫升华干燥，就是将待干燥的湿物料在较低温度下（－50～－10℃）冻结成固态后，在高真空度（0.133～133Pa）的环境下，使已冻结了的物料中的水分，不经过冰的融化而直接从固态升华为气态，从而达到干燥的目的。

冷冻干燥的特点：①冷冻干燥操作温度低，并且处于真空状态之下，特别适用于热敏性食品和易氧化食品的干燥，可以保留新鲜食品的色、香、味以及维生素 C 等营养物质；②由于物料中水分存在的空间在水分升华以后基本维持不变，故干燥后制品仍不失原有的固体框架结构，复水后易于恢复原有的性质和形状；③冷冻干燥因在真空下操作，氧气极少，因此一些易氧化的物质（如油脂类）得到保护，产品能长期保存而不变质；④多孔疏松结构的干燥产品一旦暴露空气中易吸湿、易氧化，最好要求真空或充氮包装，应采用具有一定保护作用的包装材料和包装形式。由于操作是在高真空和低温下进行，需要有一整套高真空获得设备和制冷设备，故投资费和操作费都很大，因而产品成本高。

2. 真空冷冻干燥过程

冷冻干燥过程分为冷冻、升华、解吸干燥三个阶段，每一个阶段都有相应的要求，不同的物料其要求各不相同，各阶段工艺设计及控制手段的差异直接关系冻干产品的质量和冻干设备的性能。

（1）冷冻阶段　冷冻干燥首先要把原料进行冻结，使原料中的水变成冰，为下阶段的升华做好准备。冻结温度的高低及冻结速度是关键。冻结速度的快慢直接关系到物料中冰晶颗粒的大小，冰晶颗粒的大小与固态物料的结构及升华速度有直接关系。一般情况下，要求1～3h 完成物料的冻结，进入升华阶段。

（2）升华阶段　升华干燥的目的是将物料中的冰全部汽化移走，整个过程中不允许冰出现融化，否则便冻干失败。升华的两个基本条件：一是保证冰不融化；二是冰周围的水蒸气必须低于 610Pa。升华干燥一方面要不断移走水蒸气，使水蒸气压低于要求的饱和蒸汽压，另一方面为加快干燥速度，要连续不断地提供维持升华所需的热量，这便需要对水蒸气压和供热温度进行最优化控制，以保证升华干燥能快速低能耗完成。

（3）解吸阶段　物料中所有的冰晶升华干燥后，物料内留下许多空穴，但物料的基质内还留有残余的未冻结水分（它们以结合水和玻璃态形式存在）。解吸干燥就是要把残余的未冻结水分除去，最终得到干燥物料。

四、果蔬汁加工技术

（一）果蔬汁简介

果蔬汁是果汁和蔬菜汁的合称，是以新鲜或冷藏果蔬（也有一些采用干果）为原料，经过清洗、挑选后，采用物理的方法如压榨、浸提、离心等方法得到的果蔬汁液，一般称作天然果蔬汁或100%果蔬汁。而以果蔬汁为基料，通过加糖、酸、香精、色素等人工调制的产品，称为果蔬汁饮料。果蔬汁的分类有以下几种方式。

1. 按浓度分

（1）原果蔬汁又称天然果蔬汁，指由新鲜果蔬直接榨取的汁液。

（2）浓缩果蔬汁，由原果蔬汁浓缩而成。

（3）果饴，分为加糖果汁（果汁中加糖）和果汁糖浆（糖浆中加果汁）两类，含糖量较高。

（4）果汁粉，指经脱水干燥而成，含水量1%～3%。

2. 按透明度分

（1）澄清（透明）果蔬汁，无悬浮物质，稳定性好，但营养损失较大。

（2）浑浊果蔬汁，含浆状果肉、粒状果肉等。

3. 按加入的原果汁的比例分

（1）原果蔬汁，100%原果蔬汁。

（2）果蔬汁饮料，原果蔬汁含量不少于10%，通过加糖、酸、香精、色素等调制的产品。

（二）果蔬汁的杀菌

杀菌是为了保持果蔬汁的品质，杀菌方法包括热杀菌和冷杀菌两大类。热杀菌方法主要有沸水杀菌、巴氏杀菌、高温短时杀菌、超高温瞬时杀菌。冷杀菌是指在杀菌过程中食品温度不升高或升高很低的一种安全、高效的杀菌方法，既有利于保持食品功能成分的生理活性，又有利于保持其色、香、味及营养成分。目前广泛研究的冷杀菌技术有超高压杀菌、超高压脉冲电场杀菌、微波杀菌等。

（1）沸水杀菌，将果蔬汁灌装密封后置于沸水中10～30min，然后迅速冷却至37℃保存。

（2）巴氏杀菌，即62～65℃杀菌30min左右，然后迅速冷却，此法适用于pH值在4.5以下的果汁。

（3）高温短时杀菌，一般高温短时杀菌条件为（93±2）℃保持15～30s，但对于低酸性的蔬菜汁，均采用106～121℃的高温处理5～20min，然后迅速冷却至37℃。此法营养物质损失小，适宜于热敏性果蔬汁。

（4）超高温瞬时灭菌，大都采用超高温120～135℃，时间控制在2～10s内的瞬时灭菌，冷却后在无菌条件下灌装密封。由于加热时间短，对果蔬汁的色、香、味及营养成分保存非常有利。

无论是沸水杀菌还是巴氏杀菌，若加热时间太长，果蔬汁的色泽和香味都有较多的损失，尤其是浑浊果汁，容易产生煮熟味。因此，常采用高温短时杀菌或超高温瞬时灭菌。

（三）果蔬汁的包装

果蔬汁的包装方法因果蔬汁品种和容器种类而有所不同。常见的有铁罐、玻璃瓶、纸容器、铝箔复合袋等。灌装前应将所采用的容器彻底消毒处理，使其符合使用标准。装罐时要注意在顶部留有一定的空隙，罐的顶隙度为2～3mm，瓶的顶隙度为10～15mm。除纸质容器外均采用热灌装，使容器内形成一定的真空度，较好地保持成品品质。一般采用装汁机热装罐，装罐后立即密封，罐头中心温度控制在70℃以上，如果采用真空封罐，果蔬汁温度可稍低些。

结合高温短时杀菌，果蔬汁常用无菌灌装系统进行灌装。目前，无菌灌装系统主要有纸盒包装系统（各种利乐包和屋脊纸盒包装）、塑料杯无菌包装系统、蒸煮袋无菌包装系统和无菌罐包装系统等。所谓无菌包装是指食品在无菌环境下进行的一种新型包装方式，即要求包装前食物本身无菌、包装容器无菌和包装环境无菌。这种包装方式的程序是先对食物杀菌，杀菌通常采用蒸汽超高温瞬时杀菌方式，随后在无菌的环境下把食物放入已经杀菌的包装容器内，并进行封闭，容器一般用过氧化氢溶液或环氧乙烷气体进行灭菌。

做一做

1. 查阅资料，介绍1种果蔬加工使用的非热加工技术。
2. 总结列出果蔬干制的加工技术，并对比分析优缺点。

扫码领取表格，见数字资源4-9。

数字资源4-9

项目二　果蔬休闲食品的加工制作

任务一　制作蘑菇罐头

实训目标

1. 应知果蔬罐藏的原理。
2. 应会果蔬罐头的加工制作。
3. 应会对果蔬罐头进行质量管理与控制。

实训流程

接收工单→配方设计→准备工作→实施操作→产品评价→总结评价。

扫码领取表格，见数字资源 4-10。

数字资源 4-10

流程 1 接收工单

序号：________ 日期：________ 项目：________

品名	规格	数量	完成时间
蘑菇罐头	____g/罐	____罐	4 学时
附记	根据实训条件和教学需求设计规格和数量		

流程 2 配方设计

通过对工单解读、查阅资料等，设计蘑菇罐头的配方，并填写到下表中。

蘑菇罐头配方设计表

序号	材料	用量	序号	材料	用量
1			6		
2			7		
3			8		
4			9		
5			10		

流程 3 准备工作

通过对工单解读，结合设计的产品配方，将蘑菇罐头加工所需的设备和原辅料填入下面表格中。

蘑菇罐头加工所需设备

序号	设备名称	规格	序号	设备名称	规格
1			6		
2			7		
3			8		
4			9		
5			10		

蘑菇罐头加工所需原辅料

序号	原辅料名称	规格	序号	原辅料名称	规格
1			6		
2			7		
3			8		
4			9		
5			10		

流程 4 实施操作

1. 工艺流程

洗罐（→装罐） 配汤（→灌汤）

原料验收→护色、漂洗→预煮、冷却→大小分级→处理→装罐→灌汤→排气密封→杀菌冷却→擦罐入库。

2. 操作要点

（1）原料验收 原料的好坏影响蘑菇罐头的质量和整菇比例，也直接影响生产企业的效益，因此把好原料收购质量关是个关键。一般从三方面进行验收，即质量验收（菇径规格、菇柄长度、色泽、气味、形态）、数量验收（采用全数或抽样称重取平均值）、测水分。

（2）护色 将刚采摘的蘑菇置于空气中，由于蘑菇所含的酚类物质在多酚氧化酶的催化下产生酶促褐变，在菇盖表面会出现褐色的采菇指印及机械伤痕，实验发现当气温高于15℃，蘑菇暴露在空气中6h以上则整个蘑菇均变成红色，经预煮后变棕褐色，严重影响了产品的感官质量。为了减轻或阻止这种有害的变色作用，生产上常需要进行护色处理，控制酶催化作用的条件，如氧、pH值、温度、底物等，削弱酶褐变的程度，一般可以采用以下几种护色方法。

方法一：稀食盐溶液，将产地采摘的蘑菇浸入浓度0.6%～0.8%食盐溶液中，进入加工厂，此法对蘑菇的风味和品质不会产生不良影响，但不适于大批量生产的企业。

方法二：亚硫酸盐溶液，常用的有亚硫酸钠、焦亚硫酸钠等。工业上早期生产蘑菇罐头时，曾用它作蘑菇护色的漂白剂，因它对多酚氧化酶有很强的抑制能力。但随着食品工业的发展，食品卫生要求日益严格，关于亚硫酸盐在护色上的使用问题存在争议。

方法三：有资料表明采用0.3%～0.5%的维生素C，或0.05%～0.2%的柠檬酸亚锡二钠，或0.3%～0.5%的柠檬酸，或协同复配进行护色也有较好的效果。

（3）预煮 预煮目的主要有：①破坏酶活性，原料的护色是在一定时间内抑制酶活性，预煮可以从根本上破坏多酚氧化酶的活性；②对利用焦亚硫酸钠护色法起到脱硫作用；③可以赶走组织内的空气，使组织收缩，增加弹性，减少脆性，便于装罐。

预煮的操作步骤依次为：①将预煮水加热至100℃后均匀下料；②调节预煮水柠檬酸含量在0.07%～0.1%，目的是减轻非酶促褐变，增强预煮液的还原性，改进菇色，因此预煮过程必须定时补加，以保证含量；③煮菇温度要求保持在95～100℃，时间6～8min，以煮熟为准；④预煮后迅速用流动水快速冷却至35℃，以免影响色泽、风味、组织。预煮设备多采用连续式、斗式或圆筒预煮机。

（4）分级 数量大的分级多采用转筒式分级机，要保证达到分级的效果，分级机在设计时必须考虑转筒的转速、倾斜度、转筒直径及转筒上各节孔径的长度，只有这几个因素设计合理，才能达到分级的目的，保证无跳级现象。分级机设计的级别可按产品生产的要求确定。数量少的可按大小、好坏、色泽等指标采用手工分级。

(5) 处理　分好级别的蘑菇，按级进行处理，通常各级均分为整菇、纽扣菇、片菇、碎菇四档，即各级菇剔除杂质、削除斑点与土根后分别挑出整菇料、纽扣菇料、片菇料，其余作碎菇。这四档菇的规格标准可以根据产品的感官标准要求而定。

(6) 装罐　每一种罐型据内容物的不同各有其对应的净重、固重要求，按成品标准掌握。下面以马口铁（镀锡钢板）罐为例。

罐型与装罐净重

罐型	668 号	763 号	6100 号	7113 号	7116 号	9121 号	9124 号	15173 号	15178 号
净重/g	184	198	284	400	425	800	850	2840	2870、2950、3000

(7) 灌汤　蘑菇装罐需进行灌汤，控制成品盐度在 0.8%～1.5%，不同罐型的填充液浓度如下。

罐型与装罐填充液

罐型	盐度	柠檬酸	汤温
9124 号以下	2.3%～2.5%	0.05%～0.07%	75℃以上
15173 号、15178 号	3.0%～3.3%	0.1%～0.13%	90℃以上

(8) 装罐要求　不同级别的菇必须分开装罐，原则上大罐装大菇，小罐装小菇，各种罐型的装罐量确定必须考虑到装罐前带水情况（指半成品处理后经清洗装盆后的淋干程度）、杀菌后的失水率（杀菌后失水率在 1.3%～4%）。充分考虑这两个因素后才能保证装罐量能适应开罐固形物的要求，如 668＃罐型的固形物要求为 114g，装罐量为 120～125g。

(9) 排气、密封　如采用加热排气法，在 9124＃以下罐型的中心温度须加热到 75～80℃，15173 号、15178 号罐型加热到 70～75℃；采用真空封口方式排气的 9124 号以下罐型需达到 0.047～0.05MPa，15173 号、15178 号罐型需达到 0.047～0.053MPa。密封后需检查封口三率（叠接率、紧密度和完整率），方可进入杀菌。

(10) 杀菌、冷却　蘑菇罐头中经常含有金黄色葡萄球菌，它是一种兼性厌氧菌，在缺氧条件下生长良好，也能在一般细菌不能生长的 10%～15%浓度的食盐溶液中生长。此外葡萄球菌肠毒素是葡萄球菌毒素中的一组碱性蛋白质，在条件适宜时，12h 即可产生。肠毒素比菌体细胞抗热力更强，100℃煮沸 30min 不被破坏。蘑菇罐头需采用高温杀菌方式，杀菌方式（间歇式高压杀菌锅）如下表。127℃杀菌比 121℃对菇色、风味都有所改进，同时也减轻了罐内壁腐蚀。

罐型与杀菌方式

罐型	杀菌方式 1	杀菌方式 2
7116 号以下	15min 升温—10min 恒温—反压/127℃	15min 升温—21min 恒温—反压/121℃
9121 号、9124 号	15min 升温—15min 恒温—反压/127℃	15min 升温—28min 恒温—反压/121℃
15173 号、15178 号	15min 升温—20min 恒温—反压/127℃	15min 升温—40min 恒温—反压/121℃

(11) 产品质量标准　参照中华人民共和国国家标准《食用菌罐头质量通则》（GB/T 14151—2022）。

流程 5　产品评价

数字资源 4-11

1. 产品质量标准

扫码领取表格，见数字资源 4-11。

2. 产品感官评价

查阅相关标准，对制作的蘑菇罐头进行感官评价，并填写下表。

项目	感官评价
形态	
色泽	
滋味和气味	
杂质	
评价人员签字	

流程 6　总结评价

1. 请扫码领取表格，并填写有关安全注意事项及防护措施等。

见数字资源 4-12。

2. 请扫码领取表格，并填写相关内容，对本项目进行总结评价。

见数字资源 4-13。

数字资源 4-12

数字资源 4-13

任务二　制作杨梅蜜饯

实训目标

1. 应知果蔬糖制的原理。
2. 应会杨梅蜜饯的加工制作。
3. 应会对杨梅蜜饯进行质量管理与控制。

实训流程

接收工单→配方设计→准备工作→实施操作→产品评价→总结评价。
扫码领取表格，见数字资源 4-14。

数字资源 4-14

流程 1 接收工单

序号：________ 日期：________ 项目：________

品名	规格	数量	完成时间
杨梅蜜饯	____/份	____份	4 学时
附记	依据实训条件设计规格和数量		

流程 2 配方设计

接收工单，查阅文献，设计杨梅蜜饯配方，并填写到下表。

杨梅蜜饯配方设计表

序号	材料	用量	序号	材料	用量
1			6		
2			7		
3			8		
4			9		
5			10		

流程 3 准备工作

通过对工单解读，结合所设计的产品配方，及查阅资料，将杨梅蜜饯加工所需的设备和原辅料填入下表中。

杨梅蜜饯加工所需设备

序号	设备名称	规格	序号	设备名称	规格
1			6		
2			7		
3			8		
4			9		
5			10		

杨梅蜜饯加工所需原辅料

序号	原辅料名称	规格	序号	原辅料名称	规格
1			6		
2			7		
3			8		
4			9		
5			10		

流程 4 实施操作

1. 工艺流程

杨梅→清洗→沥水→盐制→滤干→晒干→密封→清洗→退盐→晒干→调配→糖制→干燥→包装→成品。

2. 操作要点

(1) 原料的选择和处理　原料挑选，选择七八成熟的杨梅，过熟容易软烂影响盐制效果。清洗干净后倒进密封桶等待盐制。

(2) 盐制　将步骤 (1) 处理好的杨梅倒进密封桶，按食用盐和杨梅比例为 (25～30)：100 进行盐制，盐制时间无固定标准，一般盐制 3 个月左右杨梅的风味会比较好。盐制好的杨梅要进行滤干，然后干燥。传统是采用日晒法，条件不允许的可以采用机器烘干法，但要注意烘干的过程控制，干燥后的杨梅要密封保存。传统制法常盐制到秋季（秋季天气干燥，阳光适宜）时再制作杨梅蜜饯。

(3) 糖制　将步骤 (2) 制备好的咸杨梅干取出，用清水浸洗退盐。浸泡次数宜据实际情况而定，一般浸泡 2～3 次即可。将浸洗好的杨梅进行晒干，晒干后的杨梅开始进行糖制，糖和杨梅比例为 (6～7)：10，糖制时间 8～10h，糖制好的杨梅进行晒干，干制后即得杨梅干成品。如条件不足，亦可改晒干为烘干进行干燥处理。

(4) 包装　杨梅干属于蜜饯类，易受潮，可采用食用级的速封袋或密封罐进行包装并做防潮处理。

流程 5 产品评价

数字资源 4-15

1. 产品质量标准

扫码领取表格，见数字资源 4-15。

2. 产品感官评价

查阅产品质量标准，对制作的杨梅蜜饯进行感官评价。

项目	感官评价
形态	
色泽	
滋味和气味	
杂质	
评价人员签字	

流程 6　总结评价

1. 请扫码领取表格，并填写有关安全注意事项及防护措施等。

见数字资源 4-16。

2. 请扫码领取表格，并填写相关内容，对本项目进行总结评价。

见数字资源 4-17。

数字资源 4-16

数字资源 4-17

任务三　制作果蔬脆片

果蔬脆片是以新鲜果蔬为原料，采用先进的真空油炸技术或微波膨化技术或真空冷冻干燥技术等精制而成。产品形态平整，酥脆，全天然，高营养，不含化学添加剂和防腐剂，极少破坏果蔬中的维生素成分，被食品营养界称为“二十一世纪食品”，是国际上流行的休闲食品。本任务将采用真空冷冻干燥法和真空低温油炸法制作果蔬脆片。

 实训目标

1. 应知果蔬干制品加工原理、常用方法。
2. 应知真空冷冻干燥、真空低温油炸的原理和操作流程。
3. 应会合理选择加工方法进行果蔬脆片的加工制作。
4. 应会对果蔬干制品进行质量管理与控制。

实训流程

接收工单→配方设计→准备工作→实施操作→产品评价→总结评价。
扫码领取表格，见数字资源 4-18。

数字资源 4-18

流程 1 接收工单

序号：________ 日期：________ 项目：________

品名	规格	数量	完成时间
______脆片	______/份	______份	4 学时
附记	依据实训条件设定规格和数量		

流程 2 配方设计

接收工单，查阅文献资料，根据加工方法，设计果蔬脆片配方，并填写到下表。

果蔬脆片配方设计表（__________法）

序号	材料	用量	序号	材料	用量
1			4		
2			5		
3			6		

流程 3 准备工作

通过对工单解读，结合所设计的产品配方，及查阅资料，将果蔬脆片加工所需的设备和原辅料填入下表中。

果蔬脆片加工所需设备（__________法）

序号	设备名称	规格	序号	设备名称	规格
1			6		
2			7		
3			8		
4			9		
5			10		

果蔬脆片加工所需原辅料（______法）

序号	原辅料名称	规格	序号	原辅料名称	规格
1			6		
2			7		
3			8		
4			9		
5			10		

流程 4 实施操作

一、真空冷冻干燥法制备果蔬脆片

1. 工艺流程

原料挑选→清洗→去皮（去核）→切片→调配处理→甩干→冻结→真空干燥→检验→包装→成品。

2. 操作要点

（1）原料选择　原料应选择成熟度适中、色鲜、香气浓郁、甜酸适宜、无腐烂变质的原料。

（2）清洗　一般用旋流式清洗机对原料进行清洗，对农药残留量高的可用专用清洗剂溶液浸泡，最后用清水漂洗干净。

（3）去皮（去核）　应根据原料的特点，合理采用机械的、化学的或人工的方法等进行去皮、去核。

（4）切片　用切片机将原料切分成 3～5mm 的薄片。

（5）护色、调配　为了更好地保持原料的色泽，去皮、去核及切片工序要快速，切片后立即将原料浸入调配液中，采用真空浸糖机对原料进行调配处理。

（6）甩干　调配后的果蔬原料表面附着一层调配液，为了减轻冻结及真空升华干燥设备的负载，采用 400～600r/min 的甩干机对原料进行甩干处理。

（7）冻结　冻结室的温度越低越好，生产实际中一般要求在－35℃左右，使原料迅速冻结。

（8）真空干燥　在真空室绝对压力 13～266Pa、加热板温度 38～66℃的条件下，对原料进行升华干燥处理。

（9）包装　选用不透气的复合包装袋，工业常用真空充 N_2 或 CO_2 或二者以一定比例的混合气包装，还可在包装内加一定量的干燥剂小袋，以防干制品吸潮。

（10）成品检测　①感官检验。观察和描述干制品的色泽、软硬程度、形态变化等。②干燥比、复水比的计算。根据新鲜原料质量及干制品质量，计算出干燥比；根据复水用干制品质量及复水后质量，计算出复水比。比较不同预处理对干燥比、复水比的影响。

二、真空低温油炸法制备果蔬脆片

1. 工艺流程

原料→挑选→清洗→切片→热烫杀青→浸渍→沥干→冷冻→真空低温油炸→脱油→调

味→冷却→半成品分拣→称量→包装→检验→成品。

2. 操作要点

(1) 原料的选择　原料必须有完整的细胞结构、致密的组织，新鲜，无病虫害，无机械伤，无霉烂。

(2) 预处理

① 挑选、清洗。先对原料进行初选，去除有病、虫、机械伤及霉变的果蔬，按成熟度及等级分开，方便加工和保证产品质量。洗去果蔬表面的尘土、泥沙及部分微生物、残留农药等。对农药严重污染的果蔬原料应先用0.5%～1.0%的盐酸浸泡5min，再用冷水冲洗干净。

② 切分。有的果蔬需要先去皮、去核后再进行切片，有的可以直接进行切片，一般片厚在2～4mm。

③ 热烫杀青。根据不同的原料，采取不同的热烫工艺，温度一般为100℃，时间15min。其主要作用是防止酶促褐变。

④ 浸渍、沥干。浸渍在果蔬脆片生产中又称前调味，通常用30%～40%的葡萄糖溶液浸渍已热烫的物料，让葡萄糖渗入物料内部，达到改善口味的目的。同时，可以影响最终油炸产品的颜色。浸渍时可以采用真空浸渍，缩短浸渍时间，提高效率。浸渍后沥干时，一般采用振荡沥干或抽真空预冷来除去多余的水分。

⑤ 冷冻。油炸前进行冷冻处理利于脆片膨大酥松，变形小，脆片表面无起泡现象，增加产品的酥脆性。果蔬原料冷冻后，对油炸的温度、时间要求较高，应注意与油炸条件配合好。一般来讲，原料冻结速度越快，油炸脱水效果越好。

(3) 真空低温油炸　将油脂先行预热，至100～120℃时，迅速放入已冻结好的物料，关闭仓门。为防止物料融化，应立刻启动真空系统。当真空度达到要求时，启动油炸开关，物料被慢速浸入油脂中进行油炸，到达底部时，用相同的速度缓慢提起，升至最高点又缓慢下降。如此反复，直至油炸完毕，整个过程耗时约15min。不同的原料采用的真空度、油温和时间不尽相同。

(4) 脱油　油炸后的物料表面会残留有不少油脂，需采取措施进行分离脱油。一般选用离心甩油法。

(5) 后处理　包括调味、冷却、半成品分拣、包装等工序。

① 调味又称后调味，脱油后的果蔬脆片应趁热喷以不同风味的调味料，简化处理工艺，使其具有不同风味，适合不同消费者的口味。

② 冷却一般采用冷风机使产品迅速冷却，便于进行半成品分拣，重点是剔除夹杂物、焦黑或外观不合格的产品。

③ 包装分销售小包装及运输大包装，小包装大都采用铝箔复合袋，抽真空充氮包装，并添加防潮剂及吸氧剂；大包装通常采用双层聚乙烯袋作内包装，瓦楞牛皮纸箱作外包装。

流程5　产品评价

数字资源 4-19

1. 产品质量标准

扫码领取表格，见数字资源4-19

2. 产品感官评价

查阅产品质量标准，对制作的果蔬脆片进行感官评价。

项目	感官评价	
	真空冷冻干燥法果蔬脆片	真空低温油炸法果蔬脆片
形态		
色泽		
滋味和气味		
口感		
杂质		
评价人员签字		

流程 6　总结评价

数字资源 4-20

数字资源 4-21

1. 请扫码领取表格，并填写有关安全注意事项及防护措施等。见数字资源 4-20。
2. 请扫码领取表格，并填写相关内容，对本项目进行总结评价。见数字资源 4-21。

任务四　制作果蔬汁

实训目标

1. 应知果蔬汁的种类及特点，能根据果蔬原料特性设计果蔬汁的加工工艺流程。
2. 应会对果蔬汁加工的原料选择、预处理、榨汁、澄清、过滤、均质、脱气、杀菌操作。
3. 应会对果蔬汁加工进行质量管理与控制。
4. 应能自主学习，有团队协作能力。

实训流程

接收工单→配方设计→准备工作→实施操作→产品评价→总结评价。扫码领取表格，见数字资源 4-22。

数字资源 4-22

流程 1　接收工单

序号：________　日期：________　项目：________

品名	规格	数量	完成时间
______汁	______mL/罐	_____罐	4 学时
附记	根据实训条件和教学需求设计规格和数量		

流程 2　配方设计

通过对工单解读、查阅资料等，设计所要加工的果蔬汁配方，并填写到下表中。

__________汁配方设计表

序号	材料	用量	序号	材料	用量
1			6		
2			7		
3			8		
4			9		
5			10		

流程 3　准备工作

通过对工单解读，结合设计的产品配方需求，将所要制作的果蔬汁需要的设备和原辅料填入下面表格中。

__________汁加工所需设备

序号	设备名称	规格	序号	设备名称	规格
1			6		
2			7		
3			8		
4			9		
5			10		

__________汁加工所需原辅料

序号	原辅料名称	规格	序号	原辅料名称	规格
1			6		
2			7		
3			8		
4			9		
5			10		

流程 4 实施操作

一、果蔬汁加工工艺

1. 工艺流程

原料选择→挑选与清洗→破碎→取汁→过滤→成分调整→杀菌→灌装→密封→成品。

2. 工艺要点

（1）原料选择 要选用新鲜度高、无霉变和腐烂的果蔬原料，成熟度适宜，出汁率高，取汁容易。

（2）破碎后的热处理和酶处理 许多果蔬破碎后、取汁前需进行热处理和酶处理。

（3）取汁 果蔬取汁的方法主要有压榨法和浸提法，还有离心法、打浆法。

① 压榨法：可采用冷榨、热榨、冷冻压榨，适合于含有丰富汁液的果蔬，例如苹果、梨、葡萄等。

② 浸提法：将破碎的果蔬原料浸于水中，浸提汁是果蔬原汁和水的混合物，适合于汁液含量少或果胶丰富而取汁困难的果蔬，如山楂、乌梅等。

（4）果蔬汁的糖酸调整与混合 对果蔬汁进行糖酸调整和混合，可以更好地改进果蔬汁风味，增加营养、色泽。混合后的产品需进一步均质，防止分层、褐变等现象。调整前先用糖度计测定糖度，再用滴定法测定总酸量，最后确定糖酸的标准含量和糖酸比。先调糖后调酸，一般用蔗糖和柠檬酸。加入比例因不同原汁、不同风味而异。按下式计算出糖浆和酸溶液的用量。

$$m_1=\frac{m_0(B-C)}{D-B}$$

式中 m_1——需加入的浓糖液（酸液）的质量，kg；

D——浓糖液（酸液）的浓度，%；

m_0——调整前原果蔬汁的质量，kg；

C——调整前原果蔬汁的含糖（酸）量，%；

B——要求调整后果蔬汁的含糖（酸）量，%。

（5）杀菌 为了保持果蔬汁的品质，杀菌方法包括热杀菌和冷杀菌两大类。热杀菌方法主要有巴氏杀菌、高温短时杀菌、超高温瞬时杀菌。冷杀菌是指在杀菌过程中食品温度不升高或升高很低的一种安全、高效的杀菌方法，既有利于保持食品功能成分的生理活性，又有利于保持其色、香、味及营养成分。目前广泛研究的冷杀菌技术有超高压杀菌、超高压脉冲电场杀菌、微波杀菌等。如今工业化生产中，比较常用的是无菌灌装法。无菌灌装法要求：工作环境无菌、果汁本身无菌和包装容器无菌。

二、特殊果蔬汁制品的加工工艺

（一）澄清型果蔬汁的澄清和过滤

1. 工艺流程

原料选择→清洗→原料预处理→破碎、压榨或浸提→澄清和过滤→调配→杀菌→装罐→

澄清汁。

2. 工艺要点

(1) 澄清　果蔬汁是复杂的多分散相系统，它含有细小的果肉粒子胶态或分子状态及离子状态的溶解物质，这些粒子是果蔬汁浑浊的原因。在澄清汁的生产中，它们影响到产品的稳定性，必须除去。常用的澄清方法有：自然澄清法、明胶澄清法、明胶单宁沉淀法、酶制剂法、加热澄清法、冷冻澄清法。

(2) 过滤　果汁澄清后必须过滤，目的在于通过过滤将沉淀出来的浑浊物除去。常用的过滤介质有帆布、硅藻土、纤维等，常用的过滤方法有压滤法、真空过滤法、超滤法、离心分离法等。

(二) 浑浊型果蔬汁的均质和脱气

1. 工艺流程

原料选择→清洗→原料预处理→破碎、压榨或浸提→均质→调配→脱气→杀菌→装罐→浑浊汁。

2. 工艺要点

(1) 均质　生产浑浊型果蔬汁时，为了防止固体与液体分离而降低产品的外观品质，为增进产品的细度和口感，常进行均质处理。均质即将果蔬汁通过均质设备，使制品中的细小颗粒进一步破碎，使粒子大小均匀，增加果胶物质和果蔬汁亲和力，保持制品的稳定浑浊状态。

(2) 脱气　果蔬细胞间隙存在着大量的空气，在原料的破碎、取汁均质和搅拌、输送等工序中又混入大量的空气，必须加以去除，此工艺又称脱气或去氧。其主要目的是脱除氧气，防止或减轻果蔬汁中的色泽、维生素 C、芳香成分和其他营养物质的氧化损失；除去附着于悬浮颗粒表面的气体，防止固体物上浮；减少装罐和杀菌时起泡；减少金属罐的内壁腐蚀。常用脱气方法主要有真空脱气法、气体交换法、酶法脱气和抗氧化剂法。

(三) 浓缩型果蔬汁的浓缩或脱水

1. 工艺流程

原料选择→清洗→原料预处理→破碎、压榨或浸提→浓缩和脱水→调配→装罐→杀菌→浓缩汁（糖浆果汁）。

2. 工艺要点

浓缩　是把果蔬汁的可溶性固形物从 5%～20%提高到 60%～75%的处理方法。浓缩后体积大大缩小，可以节省包装和运输费用，便于贮运；果蔬汁品质更加一致；糖酸含量的提高，增强了产品的保藏性，用途范围扩大。生产上常用的浓缩方法有真空浓缩、冷冻浓缩、反渗透浓缩和超滤浓缩等。

流程 5　产品评价

数字资源 4-23

1. 产品质量标准

扫码领取表格，见数字资源 4-23。

2. 产品感官评价

查阅产品质量标准，对制作的果蔬汁进行感官评价。

项目	感官评价
色泽	
滋味和气味	
杂质	
评价人员签字	

流程 6 总结评价

数字资源 4-24

数字资源 4-25

1. 请扫码领取表格，并填写有关安全注意事项及防护措施等。见数字资源 4-24。
2. 请扫码领取表格，并填写相关内容，对本项目进行总结评价。见数字资源 4-25。

任务五 探索制作创意果蔬类休闲食品（拓展模块）

实训目标

1. 应知果蔬类休闲食品的研发流程。
2. 应能激发自我的创新意识。
3. 应能培养塑造自我的创新思维。
4. 应有产品开发和独立创新的能力。
5. 应会研制新果蔬类休闲食品。

实训流程

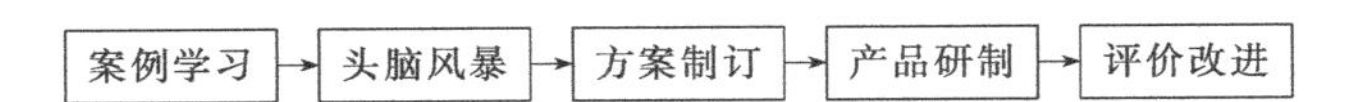

流程 1 创意果蔬类休闲食品案例学习

以小组为单位，自主检索、调研学习创意果蔬类休闲食品，包括市场上的创意产品、相关比赛的创意产品、自主研发的创意产品等，至少列举 3 个案例，并汇报说明创意。

流程 2 小组进行果蔬类休闲食品创意设计的头脑风暴

以小组为单位，对果蔬类休闲食品的创意设计进行头脑风暴、讨论分析，形成一个可行的创意产品，小组选择一人做简要的汇报。

流程 3 创意果蔬类休闲食品的产品方案制订

扫码领取方案制订模板并填写，制订方案。

见数字资源 4-26。

数字资源 4-26

流程 4 创意果蔬类休闲食品的研制

完成创意果蔬类休闲食品的研发设计与制作。

流程 5 创意果蔬类休闲食品的评价改进

以小组为单位提交创意果蔬类休闲食品的制作视频、产品展示说明卡、产品实物，按照评分表进行综合性评价，具体包括自评、小组评价、教师评价，提出产品的改进方向或措施。

扫码领取表格，见数字资源 4-27。

数字资源 4-27

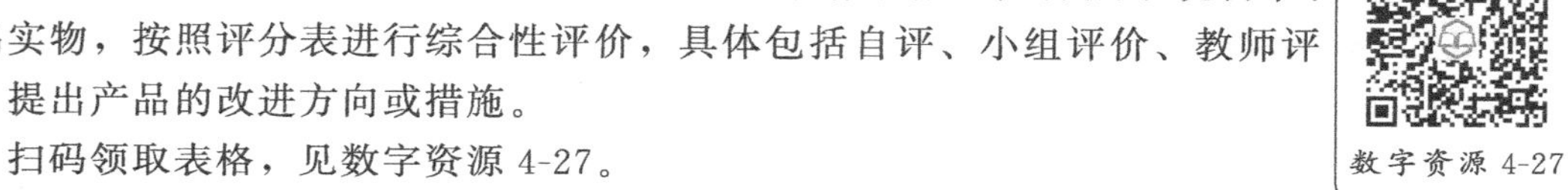

项目三 模块作业与测试

一、实训作业

项目名称：________________　　　　日期：____年__月__日

原辅料	质量/g	制作工艺流程

续表

仪器设备		
名称	数量	

过程展示(实操过程图及说明等)

样品品评记录

样品概述	
样品评价	

品评人： 日期：

总结(总结不足并提出纠正措施、注意事项、实训心得等)

反馈意见：

纠正措施：

注意事项：

二、模块测试

扫码领取试题，见数字资源 4-28。

拓展阅读

非热加工技术在果蔬加工中的应用

“大食物观”背景下，要保障农产品或食品供给，需要从食物的“开源”与“节流”做起，一方面要积极拓展农产品或食品的生产方式，争取生产更多的食物；另一方面要主动减少农产品或食品的采后损失，降低食物的损耗浪费。而在果蔬加工中常见的技术难题有营养素损耗、褐变、后浑浊、芳香物质逸散等。针对这些技术难题，目前果蔬的加工技术正在探索另外一条途径，由热加工向非热加工转变。非热加工技术是一种最少化加工的技术，符合农产品或食品产业的绿色、节能、智能、可持续发展方向。目前应用的非热加工技术有超声波、非热等离子体、超高压处理、脉冲电场、电脉冲、辐射、臭氧、发酵等。

超高压处理（HHP）是指将食品密封在柔性容器内，以水、油或其他液体作为传压介质，在常温或稍高于常温条件下进行 100MPa 以上的加压处理，维持一定时间后能有效杀菌、钝酶，并且最大限度保持食品原有颜色、香气、滋味、形态和营养等品质。该技术是目前研究最广泛、最具有应用前景且产业化程度最高的非热加工技术，在果蔬类产品、肉制品、奶制品、海鲜水产等产品加工中广泛应用。

超声波处理本身或与其他热和压力的结合是微生物灭活和化学成分保留的有效加工手段。超声波的优点是加工时间短、高流通量以及低能量损耗。但超声波会对某些食品的性质，如气味、颜色或营养价值产生负面作用，推广受限。

脉冲电场是以较高的电场强度（10～50kV/cm）、较短的脉冲宽度（0～100μs）和较高的脉冲频率（0～2000Hz）对液体、半固体食品进行处理，将微生物杀灭，同时对食品的营养、风味和功能特性具有最低程度的影响，被广泛应用于果蔬汁的生产，用来提高有效成分的提取率和增加果汁产率。但脉冲电场处理有时候会造成某些营养成分的损失，例如花青素、维生素 C 等。

电脉冲技术是使用放电技术处理果蔬汁，电流直接以脉冲方式通过果蔬汁，破坏微生物的呼吸代谢，从而钝化微生物。该技术已在果蔬鲜榨汁和浓缩汁中商业化使用，技术能量需求低，还可以保持果蔬的营养和感官质量，符合绿色发展需要。

非热等离子体也是一种新兴的物理加工技术，可以用于食品相关应用的杀菌和灭酶中，然而等离子体对食品的影响机制却很少被关注。

参考文献

[1] 马道荣，杨雪飞，余顺火．食品工艺学实验与工程实践［M］．合肥：合肥工业大学出版社，2016.

[2] 李先保，吴彩娥，牛广财，等．食品加工技术与实训［M］．北京：中国纺织出版社，2022.

[3] 赵赟，张建，张临颍．食品加工技术概论［M］．北京：中国商业出版社，2018.

[4] 魏强华．食品加工技术与应用［M］．2版．重庆：重庆大学出版社，2020.

[5] 王丽琼．果蔬汁加工技术［M］．2版．北京：中国轻工业出版社，2009.

[6] 廖小军．果蔬汁非热加工技术进展［J］．饮料工业，2002，5（6）：4-7.

[7] 廖小军．果蔬高压非热加工关键技术及应用［D］．北京：中国农业大学，2020.

[8] 黄金萍，吴继红，廖小军，等．果蔬汁饮料中花色苷与VC相互作用研究进展［J］．食品科学，2022，43（21）：358-371.

模块五

肉类休闲食品加工技术

【课程思政】 肉、火与文明

课前问一问

1. 你日常吃过的肉类及肉制品有哪些？
2. 你家乡的肉制品名品代表有哪些？简要介绍1种家乡肉制品。
3. 谈谈你对肉制品营养与安全的认识。

恩格斯在《自然辩证法》中提到：“因为肉类食物对脑髓的影响，脑髓因此得到了比过去多得多的为本身的营养和发展所必需的材料，因此它能够一代一代更迅速更完善地发展起来。”远古时期，人类祖先的饮食以大量的野果、树叶等为主要食物。约260万年前，一部分人类祖先开始“食肉”；旧石器早期，约170万年前，“元谋人”偶尔捕捉昆虫或小鸟小兽；到70万～20万年前，“北京猿人”已经能够猎取一些较大的动物，如羚羊、三门马、德氏水牛等，还能猎获某些凶猛的动物如剑齿虎等；大约10万年前，生活在大荔（今陕西省）的人，常常捕捉鱼鳖虾蟹；大约6万年前，生活在丁村（今山西省）的人，其食物中包含鱼类。肉类的食用促进人类脑力的发展，同时推动了人类社会的进步。

从生食向熟食的转化是人类发展史上重要的里程碑之一，亦是人类饮食文化的起点。而熟食离不开火，人类认识到火的作用后，慢慢学会了保存火种的方法。通过100多万年的观察与实践，到了5万～1万年前，人类发现了用摩擦之法取火，即传说的“钻木取火”。学会取火、用火后，从前不易下咽的“鱼鳖螺蛤”之类可以“燔而食之”了，不仅扩大了食物的种类和来源，且缩短了进食时间；而且熟食更易消化，食物中的病菌被杀死，“病从口入”得到缓解，人类的寿命得到延长。

中国人对肉类的食用习惯具有鲜明的地域特点。“在西南地区当猪，压力很大”“在广东，鸡和鱼插翅难飞”“没有一只牛羊，能活着离开西北”……不同地域均有各自的特色肉食，肉类始终站在中华饮食文化金字塔的塔尖。除了日常菜肴，肉类在节日庆祝活动中也占据着核心位置，比如农历新年的鱼、鸡、鸭或猪肉等。

如今肉类加工业从“老熟”行业向“朝阳”行业转换和过渡，越来越多的新工艺、新技术、新产品、新设备正全面推进肉类产业高质量发展。

课后做一做

1. 查阅资料或网络检索，结合市场调研和生活生产实际，谈谈肉类零食市场的发展现状。

2. 以海报或视频等方式介绍一种你喜爱的中华肉类零食。

项目一　肉类休闲食品生产基础知识

任务一　了解肉类休闲食品前沿动态

学习目标

1. 应知肉类休闲食品的市场动态。
2. 应具备开展肉类休闲食品调研的能力。
3. 应具备团队合作、沟通协调的能力。

任务流程

产品调研 → 案例检索 → 案例汇报

流程 1　调研肉类休闲食品的相关信息

通过以下途径调研查阅相关信息，记录整理结果。

1. 联系生活，说说你日常认识的肉类休闲食品有哪些。

2. 网络检索，查查市场上肉类休闲食品有哪些。

3. 阅读标准，看看肉类休闲食品可分成哪些类别，对应典型产品有哪些。

扫码领取表格，见数字资源 5-1。

数字资源 5-1

流程 2 搜索肉类休闲食品的创新案例

在网络和图书中查找肉类休闲食品的创新产品案例，写下拟订作为汇报材料的案例名称，并谈谈该案例对肉类休闲食品研发的借鉴意义。

扫码领取表格，见数字资源 5-2。

数字资源 5-2

流程 3 制作并汇报肉类休闲食品的创新案例

分组讨论肉类休闲食品的创新案例，按“是什么、创新点、怎么看、如何做”整理撰写形成 PPT 或海报或演讲稿等，安排专人汇报，听取同学们建议后进行改进，并提交作业。

案例名称	
创新点	
怎么看待产品的创新点	
该类产品你会如何设计	

任务二 学习肉类休闲食品生产基础

学习目标

1. 应知肉类休闲食品的原料加工特性。
2. 应知肉类休闲食品常用的加工方法及其加工原理、加工设备。
3. 应会正确选择肉类休闲食品的生产技术。
4. 应会对肉类休闲食品加工进行质量控制与管理。

任务流程

认识肉类原料 → 了解肉类休闲食品生产加工技术 → 学习肉类休闲食品常用加工设备

流程 1 认识肉类原料

问一问

说说肉类的营养价值，并结合膳食指南谈谈你对肉及肉制品摄入的看法。

学一学

肉类原料的加工特性

一、肉类原料的组织构成

广义上讲，畜禽胴体就是肉类原料。胴体是指畜禽屠宰后除去毛、皮、头、蹄、内脏（猪保留板油和肾脏）后的部分。从狭义上讲，原料肉是指胴体中的可食部分，即除去骨的胴体，又称为净肉。肉类原料（胴体）主要由肌肉组织、脂肪组织、结缔组织和骨骼组织四大部分构成。不同组织的构造、性质因动物的种类、品种、年龄、性别、营养状况及各种加工条件而异，直接影响肉品的质量、加工用途及其商品价值。其中，肌肉组织和脂肪组织是肉类原料的营养价值所在，其在全肉中占比越大，肉类原料的食用价值和商品价值越高，质量越好。相比，结缔组织和骨组织由于难以被食用吸收，占比例越大，肉类原料质量越低。

1. 肌肉组织

肌肉组织占胴体 50%～60%，是肉类原料的主要组成部分，也是决定肉品质量的重要因素，可分为横纹肌、心肌和平滑肌三种。横纹肌是附着在骨骼上的肌肉，又叫骨骼肌。构成肌肉的基本单位是肌纤维。每条肌纤维表面都有一层富有网状纤维结构的组织膜，称为肌束膜，肌束又可分为初肌束（一级肌束）和二级肌束。由数个二级肌束集合构成大小不同的肌肉，每块肌肉外面包围一层很厚的结缔组织膜，称为肌外膜。通常观察到的肌肉纹理粗细与肌束横断面有关。肌束横断面积与肌束膜厚度受动物年龄、营养状况及役用情况影响。育肥良好的牛肉，因脂肪沉积，其横断面呈大理石样纹理。内外肌膜在肌肉两端汇集成束，称为腱。

2. 脂肪组织

脂肪组织在肉中的含量变化较大，占 5%～45%，所占比例取决于动物种类、品种、年龄、性别及肥育程度等。

3. 结缔组织

结缔组织是构成肌腱、筋膜、韧带及肌肉内外膜、血管和淋巴结的主要成分，分布于体内各部，起到支持、连接各器官组织和保护组织的作用，使肉保持一定硬度，具有弹性。结缔组织由细胞纤维和无定形基质组成，一般占肌肉组织的 9%～13%，其含量与嫩度有密切关系。结缔组织可分为疏松、紧密和网状三种构型。其工业价值在于其胶原能转变成明胶，在食品工业中，明胶具有广泛用途。结缔组织会降低肉制品的硬度，从而降低食用价值。

4. 骨骼组织

对新鲜骨骼分析发现，其中水分占 50%，脂肪占 15%，有机物占 12.4%，无机物占 21.8%。骨骼内的无机物称为骨盐，主要成分为磷酸钙 84%、碳酸钙 10%、柠檬酸钙 2%～3%。有机物主要为胶原纤维，又称骨胶纤维，占有机物成分的 90%以上。另外还含有少量的黏蛋白，分布于纤维之间起黏合作用。在食品加工中，含有 10%～32%胶原纤维的骨骼组织可用作明胶，而骨粉可用作饲料或肥料，或提取骨髓，制取骨髓产品。在食品中添加一定比例的骨髓可提高食品的营养价值。

二、肉的化学组成

肉主要由水、蛋白质、脂肪、浸出物、维生素、矿物质和少量糖类组成。

1. 水分

不同组织水分含量差异很大（肌肉、皮肤、骨骼的含水量分别为 72%～80%、60%～70%和 12%～15%）。肉品中的水分含量和持水性直接关系到肉及肉制品的组织状态、品质，甚至风味。

2. 蛋白质

肌肉中蛋白质约占 20%，分为肌原纤维蛋白（40%～60%）、肌浆蛋白（40%～60%）、间质蛋白（10%）。

3. 脂肪

肌肉中脂肪的多少直接影响肉的多汁性和嫩度，脂肪酸的组成则在一定程度上决定了肉的风味。家畜的脂肪组织 90%为中性脂肪、7%～8%为水分、3%～4%为蛋白质，还有少量的磷脂和固醇脂。

4. 浸出物

指除蛋白质、盐类、维生素外能溶于水的浸出性物质，包括含氮浸出物和无氮浸出物。

5. 维生素

肉中主要有 B 族维生素，动物器官中含有大量的维生素，尤其是脂溶性维生素。

6. 矿物质

肌肉中含有大量的矿物质，尤以钾、磷最多。

7. 糖类

糖类含量少，主要以糖原形式存在。

三、肉的性质

肉的物理性质主要指肉的容重、比热容、热导率、色泽、气味、嫩度等。这些性质与肉的形态结构、动物种类、年龄、性别、肥度、部位、宰前状态和冻结程度等因素有关。

1. 肉的颜色

肉的颜色对肉的营养价值影响不大，更多影响的是食欲和商品价值。微生物引起的色泽变化会影响肉的卫生质量。

（1）影响肉颜色的内在因素　包括动物种类、年龄及肌肉部位、肌红蛋白及血红蛋白含量。

（2）影响肉颜色的外部因素　包括环境中的氧含量、湿度、温度、pH 值及微生物。

2. 肉的风味

肉的风味指生鲜肉的气味和加热后肉制品的香气和滋味，由肉中固有成分经过复杂的生物化学变化，产生各种有机化合物所致。其特点是成分复杂多样，含量甚微，用一般方法很难测定。除少数成分外，多数无营养价值。

3. 肉的热学性质

肉的比热容和冻结潜热随含水量、脂肪比例的不同而变化。一般含水量越高，比热容和冻结潜热越大；含脂肪越高，则比热容和冻结潜热越小。肉的冰点会受动物种类、死后所处环境条件影响，另外还取决于肉中盐类的浓度，盐浓度越高，冰点越低。

4. 肉的嫩度

肉的嫩度指肉在咀嚼或切割时所需的剪切力，表明肉在被咀嚼时柔软、多汁和容易嚼烂的程度。影响肉嫩度的因素除遗传因子外，主要取决于肌肉纤维的结构和粗细、结缔组织的含量及构成、热加工和肉的 pH 值等。肉的柔软性取决于动物的种类、年龄、性别以及肌肉组织中结缔组织的数量和结构形态。

5. 肉的保水性

肉的保水性即持水性、系水性，指肉在压榨、加热、切碎搅拌时保持水分的能力，或向其中添加水分时的水合能力。肌肉的系水力取决于动物的种类、品种、年龄、宰前状况、宰后肉的变化及肌肉部位。不同部位的肌肉系水力有差异，肌肉的系水力在宰后的尸僵和成熟期间会发生显著的变化。刚宰后的肌肉，系水力很高，几小时后，就会开始迅速下降，一般经过 24～28h 系水力会逐渐回升。影响肉系水力的因素包括 pH 值及尸僵和成熟时间。pH 值对肌肉系水力的影响实质是蛋白质分子的静电荷效应。蛋白质分子所带有的静电荷对系水力有双重意义，一是静电荷是蛋白质分子吸引水分子的强有力的中心；二是由于静电荷增加了蛋白质分子间的静电排斥力，使其网格结构松弛，系水力提高，静电荷数减少时，蛋白质分子间发生凝聚紧缩，系水力降低。肌肉 pH 值接近等电点 pH 值 5.0～5.4 时，静电荷数达到最少，此时肌肉的系水力也最低。

四、肉的成熟

（一）肉的成熟过程

宰后肉类原料会发生僵直，持续一段时间后，即开始缓解，肉的硬度降低，持水性有所恢复，肉变得柔嫩多汁，并具有良好风味，最适加工食用，这个变化过程称为肉的成熟。肉的成熟过程分为三个阶段：僵直前期、僵直期、解僵期。

1. 僵直前期

肌肉组织柔软，但因糖原通过糖酵解（EMP）途径生成乳酸，pH 值由刚屠宰时的正常生理值 7.0～7.4 降低到屠宰后的酸性极限值 5.4～5.6。动物的种类、个体差别、肌肉部位、屠宰前的状况及环境温度等会影响 pH 值下降。环境温度越高，pH 值下降越快。

2. 僵直期

肌肉 pH 值下降至肌原纤维主要蛋白质肌球蛋白的等电点时，因酸变性而凝固，导致肌肉硬度增大，且变僵硬。僵直期肉的持水性差，风味低劣。僵直期的长短与动物种类、宰前状态等因素相关。

3. 解僵期

乳酸、磷酸积聚到一定程度，组织蛋白酶活化，肌肉纤维酸性溶解，分解成氨基酸等呈味浸出物。肌肉间的结缔组织在酸作用下膨胀、软化，肉的持水性逐渐回升，称为解僵，又叫自溶，是指肌肉死后僵直达到顶点，并保持一定时间，其后肌肉又逐渐变软，解除僵直状态的过程。

（二）加速肉成熟的方法

（1）抑制宰后僵直发展　通过宰前给予胰岛素、肾上腺素等，减少体内糖原含量，抑制宰后僵直发展，加快肉的成熟。

（2）加速宰后僵直发展　用高频电或电刺激（60Hz，550～700V/5A），可在短时间内达到极限 pH 值和最大乳酸生成量，从而加速肉的成熟。

（3）加速肌肉蛋白分解　宰前静脉注射蛋白酶，使肌肉中胶原蛋白和弹性蛋白分解，使肉嫩化。

（4）机械嫩化法　通过机械的方法使肉嫩化。

五、肉类在加工过程中的变化

（一）在腌制过程中的变化

（1）色泽变化　硝酸盐还原成亚硝酸盐，后分解为 NO，肌红蛋白和 NO 作用使肉成为亮红色。

（2）持水性变化　食盐和聚合磷酸盐形成一定离子强度的环境，使肌动蛋白结构松弛，提高了肉的持水性。

（二）在加热过程中的变化

（1）风味变化　热导致肉中的水溶性成分和脂肪发生变化。

（2）色泽变化　肉中的色素蛋白肌红蛋白的变化及焦糖化和美拉德反应等均引起色泽变化。

（3）肌肉蛋白质变化　肌纤维蛋白加热后变性凝固，使汁液分离，肉体积缩小。

（4）浸出物变化　汁液中含有的浸出物溶于水，易分解，赋予煮熟肉特征口味。煮制形成肉鲜味的主要物质有谷氨酸和肌苷酸。

（5）脂肪变化　部分脂肪加热熔化后释放挥发性物质，能补充香气。

（6）维生素和矿物质变化　维生素 C 和维生素 D 受氧化影响，其他维生素都不受影响。水煮过程矿物质损失较多。

做一做

1. 查阅资料，对比常见肉类的营养成分，完成下列表格。

各类肉的营养价值对比（每百克营养含量）

肉类	水分	糖类	脂肪	蛋白质	灰分	热量
牛肉						
猪肉						
羊肉						
鸡肉						
鸭肉						
兔肉						

2. 感官评价对肉品的加工、原料选择有着重要的作用，请查阅相关标准，制定肉感官评价的标准，并试着进行实践评鉴。

扫码领取表格，见数字资源 5-3。

3. 总结肉类原料在加工过程需要注意的原料问题和解决途径，以思维导图形式呈现。

4. 肉制品加工中常用的辅料。在肉制品加工中除以肉为主要原料外，还使用各种辅料。辅料的添加使得肉制品的品种形形色色。不同的辅料在肉制品加工过程中发挥不同的作用，如赋予产品独特的色、香、味，改善质构，提高营养价值，等等。常见的辅料有调味料、香辛料、发色剂、品质改良剂及其他食品添加剂等，列举 3 种以上肉制品加工使用的辅料及其作用。

扫码领取表格，见数字资源 5-4。

数字资源 5-3

数字资源 5-4

流程 2　了解肉类休闲食品生产加工技术

问一问

肉制品加工常用生产技术有哪些？扫码领取表格填写。

见数字资源 5-5。

数字资源 5-5

学一学

肉制品是指以畜禽肉或其可食副产品等为主要原料，添加或不添加辅料，经腌、腊、卤、酱、蒸、煮、熏、烤、烘焙、干燥、油炸、成型、发酵、调制等有关工艺加工而成的生或熟的肉类制品。

一、腌制加工技术

腌腊肉制品是我国传统的肉制品之一，指原料肉经预处理、腌制、脱水、贮藏成熟而成的一类肉制品。腌腊肉制品主要包括腊肉、咸肉、板鸭、中式火腿、西式火腿等。肉的腌制方法主要有四种，即干腌法、湿腌法、混合腌制法和注射腌制法。不同腌腊肉制品对腌制方法要求不同，有的产品采用一种腌制法即可，有的产品则需要采用两种甚至两种以上的腌制法。

（一）干腌法

用食盐或盐硝混合物涂擦肉块，然后堆放在容器中或堆叠成一定高度的肉垛。腌制时由于渗透和扩散作用，由肉的内部分泌出一部分水分和可溶性蛋白质与矿物质等形成盐水，逐渐完成其腌制过程，需要较长的时间。干腌法生产的产品有独特的风味和质地，中式火腿、腊肉均采用此法腌制。干腌的优点是操作简便，不需要多大的场地，蛋白质损失少，水分含量低，耐贮藏；缺点是腌制不均匀，失重大，色泽较差，盐不能重复利用，工人劳动强度大。

（二）湿腌法

湿腌法，又叫盐水腌制法，即在容器内将肉品浸没在预先配制好的食盐溶液中，并通过扩散和水分转移，让腌制剂渗入肉品内部，并均匀分布，直至它的浓度最后和盐液浓度相同的腌制方法。湿腌法用的盐溶液一般是 15.3～17.7°Bé[1]，硝石不低于 1%，也有用饱和溶液的，腌制液可以重复利用，再次使用时需煮沸并添加一定量的食盐，使其浓度达 12°Bé。湿腌法的优点是腌制后肉的盐分均匀，盐水可重复使用，腌制时降低了工人的劳动强度，肉质较为柔软；不足之处是蛋白质流失严重，所需腌制时间长，风味不及干腌法，含水量高，不易贮藏。

（三）混合腌制法

采用干腌法和湿腌法相结合，一般先进行干腌，放入容器中之后，再放入盐水中腌制或在注射盐水后，用干的盐硝混合物涂擦在肉制品上，放在容器内腌制。这种方法应用最为普遍。干腌和湿腌相结合可减少营养成分流失，增加贮藏时的稳定性，防止产品过度脱水，咸度适中，不足之处是较为麻烦。

（四）注射腌制法

为了加速腌制液渗入肉的内部，在用盐水腌制时先用盐水注射，然后再放入盐水中腌制。盐水注射法分动脉注射腌制法和肌内注射腌制法。

1. 动脉注射腌制法

此法是使用泵将盐水或腌制液经动脉系统压送入分割肉或前腿肉内的腌制方法。此法的优点在于腌制液能迅速渗透肉的深处，不破坏组织的完整性，腌制速度快；不足之处是用于腌制的肉必须是血管系统没有损伤、刺杀放血良好的前后腿，且产品容易腐败变质，必须进行冷藏。

2. 肌内注射腌制法

肌内注射腌制法分单针头注射法和多针头注射法。单针头注射法适合于分割肉，一般每块肉注射 3～4 针，注射量为 85g 左右，一般增重 10%。多针头注射最适合用于形状整齐且不带骨的肉类，肋条肉最为适宜，带骨或去骨肉均可采用此法。多针头机器，一排针头可多达 20 枚，每一针头中有效孔插入深度可达 26cm，平均每小时注射 60000 次，注射时肉内的腌制液分布较好，可获得增重效果。盐水注射法可以缩短操作时间，提高生产效益，降低生产成本，但其成品质量不及干腌制品，风味稍差，煮熟后肌肉收缩的程度比较大。

二、酱卤加工技术

酱卤制品的加工方法主要有两个过程，一是调味，二是煮制（酱制）。

---

[1] 波美度（°Bé）是表示溶液密度的一种方法，把波美计浸入所测溶液中，得到的度数就叫波美度。

（一）调味

调味是制作酱卤制品的关键，根据不同品种、不同口味加入不同种类或数量的调料，加工成具有特定风味的产品，必须严格掌握调料的种类、数量及投放时间。根据加入调料的作用和时间大致分为基本调味、定性调味和辅助调味等三种。

基本调味：在原料整理后未加热前，用盐、酱油或其他辅料进行腌制，以奠定产品的咸味。

定性调味：原料下锅加热时，随同加入辅料如酱油、酒、香辛料等，以决定产品的风味。

辅助调味：原料加热煮熟后或即将出锅时加入糖、味精等，以增加产品的色泽、鲜味。

（二）煮制

煮制是酱卤制品加工中主要的工艺环节，其对原料肉实行热加工的过程中，使肌肉收缩变形，降低肉的硬度，改变肉的色泽，提高肉的风味，达到熟制的作用。加热的热源有水、蒸汽、油等，通常多采用水加热煮制。

1. 煮制方法

在酱卤制品加工中，煮制方法包括清煮和红烧。

清煮又称预煮、白煮、白锅等。其方法是将整理后的原料肉投入沸水中，不加任何调料，用较多的清水进行煮制。清煮在红烧前进行，可去掉肉中的血水和肉本身的腥味或气味。清煮的时间因原料肉的形态和性质不同而不同，一般为15～40min。

红烧又称红锅。其方法是将清煮后的肉放入加有各种调味料、香辛料的汤汁中进行烧煮，是酱卤制品加工的关键性工序。红烧不仅可以使制品加热至熟，更重要的是使产品的色、香、味及产品的化学成分有较大的改变。红烧的时间随产品和肉质不同而异，一般为1～4h。

另外，油炸也是某些酱卤制品的制作工序，如烧鸡等。油炸的目的是使制品色泽金黄，肉质酥软油润，还可使原料肉蛋白质凝固，排出多余的水分，使肉质紧密、定型，在酱制时不易变形。油炸的时间一般为5～15min。多数在红烧之前进行。但有的制品则经过清煮、红烧后再进行油炸，如北京月盛斋烧羊肉等。

2. 煮制火力

在煮制过程中，根据火焰的大小强弱和锅内汤汁情况，可分为大火、中火、小火三种。

大火又称旺火、急火等，大火的火焰高强而稳定，使锅内汤汁剧烈沸腾。

中火又称温火、文火等，火焰较低弱而摇晃，锅内汤汁沸腾，但不强烈。

小火又称微火，火焰很弱而摇晃不定，锅内汤汁微沸或缓缓冒气。

火力的运用，对酱卤制品的风味及质量有一定的影响，除个别品种外，一般煮制初期用大火，中后期用中火和小火。大火烧煮的时间通常较短，其主要作用是尽快将汤汁烧沸，使原料初步煮熟。中火和小火烧煮的时间一般比较长，其作用可使肉品变得酥润可口，同时使配料渗入肉的深部。

三、熏制加工技术

熏制是利用燃料没有完全燃烧的烟气对肉品进行烟熏，温度一般控制在30～60℃，以熏烟来改变产品口味和提高品质的一种加工方法。

（一）烟熏的目的

烟熏的目的包括：一是使肉制品形成特有的烟熏味；二是使肉制品脱水，增强产品的防腐性，延长贮存期；三是使肉制品呈棕褐色，颜色美观；四是起杀菌作用，使产品对微生物的作用更稳定。

（二）熏制的方法

1. 冷熏法

冷熏法的温度为30℃以下，熏制时间一般需7～20d，一般在冬季用此法。由于熏制时间长，产品深部熏烟味较浓，且产品含水量通常在40%以下，提高了产品的耐贮藏性。本法主要用于腌肉或灌肠类制品。

2. 温熏法

又称热熏法。本法又可分为中温法和高温法两种。

（1）中温法　温度在30～50℃之间，熏制时间视制品大小而定，如腌肉按肉块大小不同，熏制5～10h，火腿则1～3d。此法可使产品风味好，重量损失较少，但由于温度条件有利于微生物的繁殖，如烟熏时间过长，有时会引起制品腐败。

（2）高温法　温度在50～80℃之间，多为60℃，熏制时间在4～10h之间，在短时间内即可起到烟熏的目的，操作简便，节省劳力。但要注意烟熏过程不能升温过快，否则会有发色不均的现象。本法是我国肉制品加工中用得最多的烟熏法。

3. 焙熏法

焙熏法的温度为95～120℃，是一种特殊的熏烤方法，包含蒸煮或烤熟的过程。由于熏制的温度较高，熏制过程完全熟制，不需要重新加工即可食用，但此法熏制的肉制品贮藏性差，成品含水量高，为50%～60%，盐分比熏腌成分低，加上脂肪受热熔化，一般可冷藏存放4～5d，应尽快食用。

四、肉品干制加工技术

肉类的脱水干制方法按照干燥的方式，分为自然干燥、人工干燥（包括烘炒干制和烘房干燥）、低温升华干燥等。按照干制时产品所处的压力和热源可以分为常压干燥、微波干燥和减压干燥。

（一）根据干燥的方式分类

1. 自然干燥

自然干燥法是最古老的干燥方法，设备要求简单，费用低，但受限较大，温度条件很难控制，大规模的生产很少采用，只在某些产品加工中作为辅助工序采用，如风干香肠的干制等。

2. 烘炒干制

烘炒干制法亦称传导干制，靠间壁的导热将热量传给与壁接触的物料。传导干燥的热源可以是水蒸气、热力、热空气等。可在常温下干燥，亦可在真空下进行。加工肉松常采用此方式。

3. 烘房干燥

烘房干燥法亦称对流热风干燥，直接以高温的热空气为热源，借助对流传热将热量传给物料，故称为直接加热干燥。热空气既是热载体又是湿载体。一般对流干燥多在常压下进行。

4. 低温升华干燥

在低温下一定真空度的封闭容器中，物料中的水分直接从冰升华为蒸汽，使物料脱水干燥，称为低温升华干燥。相较上述三种方法，此法不仅干燥速度快，而且最能保持产品的原本性质，加水后能迅速恢复原来的状态，保持原有成分，不易发生蛋白质变性。但设备较复杂，投资大，费用高。

（二）按照干制时产品所处的压力和热源分类

将肉置于干燥空气中，其所含水分会自表面蒸发而逐渐干燥。为了加速干燥，需扩大表面积，因而，常将肉切成片、丁、粒、丝等形状。干燥时空气的温度、湿度等都会影响干燥的速度。为了加速干燥，不仅要加强空气循环，而且还需加热。但加热会影响肉制品品质，故又有了减压干燥的方法。肉品的干燥根据其热源不同，可分为自然干燥和加热干燥，而干燥的热源有蒸汽、电热、红外线及微波等。根据干燥时的压力，肉制品干燥的方法包括常压干燥和减压干燥，减压干燥又分为真空干燥和冷冻干燥。

做一做

1. 联系你学过的知识，简述肉品干制的机理。
2. 扫码领取表格，填写影响肉品干制的因素及如何影响。
见数字资源 5-6。
3. 扫码领取表格，对比不同干制技术，分析其优劣势及适合使用的肉制品品类。
见数字资源 5-7。

数字资源 5-6

数字资源 5-7

流程 3　学习肉类休闲食品常用加工设备

问一问

1. 原料肉前处理步骤主要有哪些？
2. 原料肉处理到肉制品加工中常使用哪些设备？

学一学

现代肉制品加工质量很大程度取决于加工设备的自动化程度。高性能的肉类加工设备才能满足肉类加工制作工艺上的技术要求，是肉类产品质地稳定的重要保障。从原料肉处理到肉制品加工，常用的设备包括绞肉机、腌制设备、斩拌设备、充填设备、蒸煮设备、油炸设备、杀菌设备等。

1. 绞肉机

绞肉机指能把适当大小肉块（剔骨）经金属螺旋推进通过锋利的不同孔径的筛板，再经过绞刀将通过筛板孔的肉条切割成为不同颗粒大小的细粒或肉糜的机械与设备。目前，有多种型号的绞肉机，有多孔眼圆盘状板刀、“十”字形刀等。

2. 腌制设备

腌制是肉制品加工的一个重要的工艺过程，湿腌法、干腌法周期长，为了实现快速腌制的目的，需要满足两个工艺要求：一是将腌制液迅速、均匀地分散到肌肉组织中；二是对肌肉组织进行一定强度的破坏，使肌浆蛋白等可溶性物质渗透溶解到盐水溶液中。腌制设备主要有盐水注射机、嫩化机、滚揉机。

3. 斩拌设备

斩拌的目的一是对原料肉进行细切，使原料肉馅产生黏着力；二是将原料肉馅与各种辅料进行搅拌混合，形成均匀的乳化物。斩拌机把原料肉在斩拌刀高速、可调转速（300～6000r/min）斩拌下，快速把原料肉切割剁碎成肉糜，并将剁碎的原料肉与其他添加的辅料混合均匀，形成均匀、富有弹性的乳化状肉糜。

斩拌时投料顺序会影响肉的质地结构，不同的产品在斩拌时的投料顺序不一样。在斩拌过程中，为了保持原料在斩拌期间不同阶段的理想温度，必须在斩拌过程中辅以冰片或冰水随原料肉等物料一起斩拌，从而有效控制料温；斩拌时先慢速混合，再高速乳化，斩拌温度控制在10℃左右，斩拌时间一般在5～8min，经斩拌后的肉馅应色泽乳白、黏性好、油光好。

4. 充填设备

充填设备主要有填充机、挂肠机、填充结扎机、火腿填充机等。

灌肠机是生产肉糜灌肠和小肉块火腿的设备，将搅拌好的原料肉倒入料筒内，在一定的压力作用下，对肉糜进行挤压，使一定量的原料肉通过出料口灌至人造或天然肠衣中，形成各种肉肠。灌肠机有手动式充填机和动力式充填机。现代加工常用的都是自动连续灌肠，自动扭结，自动晾挂，同时设备还具备全自动的清洗系统，使用方便，但全自动的灌肠机一般只能使用人造肠衣。

5. 蒸煮、油炸、杀菌设备

(1) 蒸煮锅（夹层锅） 蒸煮也是大部分西式肉制品必须经过的加工环节。在中式肉制品的加工中，也有很多特别的蒸煮工艺，如72～80℃炖、卤、煮等。蒸煮设备种类很多，如蒸煮锅和夹层锅，其中以夹层锅最常见。

(2) 油炸设备 油炸设备从生产规模上大致可分为通用型油炸设备和机械化连续作业油炸设备。在肉制品加工中，常用的是通用型油炸设备。

(3) 杀菌设备 杀菌设备按杀菌温度分为常压杀菌（温度100℃)、高压杀菌设备（温度100～120℃)、超高压杀菌设备（温度120～135℃)，按操作分为间歇式、连续式，按外形分为立式、卧式，按设备密封形式分为螺旋密封式、水静压式、机械式，按杀菌热源分为直接蒸汽加热、热水加热、火焰（煤气、微波）加热，按罐体运动形式分为静置式、滚动式。

做一做

1. 查阅资料，使用思维导图列出肉制品常用的干燥设备。
2. 查阅资料，说说肉制品加工设备如何进行清洗与消毒。

项目二 肉类休闲食品的加工制作

任务一 制作香肠

肠类制品现泛指以鲜（冻）畜禽、鱼肉等为原料，经腌制或未经腌制，切碎成丁或绞碎成颗粒，或斩拌乳化成肉糜，再混合添加各种调味料、香辛料、黏着剂，充填入天然肠衣或人造肠衣中，经烘烤、烟熏、蒸煮、冷却或发酵等工序制成的肉制品。

实训目标

1. 应会正确选择并使用制作香肠的原辅料。
2. 应会典型香肠制品的加工制作。
3. 应会对香肠生产进行质量管理与控制。
4. 应会对香肠产品进行改进提升与研制。

实训流程

接收工单→配方设计→准备工作→实施操作→产品评价→总结评价。

扫码领取表格，见数字资源 5-8。

数字资源 5-8

流程 1 接收工单

序号：__________ 日期：__________ 项目：__________

品名	规格	数量	完成时间
肉糜肠	______	______kg	4 学时
附记	根据实训条件和教学需求设计规格和数量		

流程 2　配方设计

1. 参考配方

扫码领取几种常见的肠类制品参考配方。

见数字资源 5-9。

2. 配方设计表

通过对工单解读、查阅资料等，设计一款香肠的配方，并填写到下表中。

__________香肠配方设计表

序号	材料	用量	序号	材料	用量
1			6		
2			7		
3			8		
4			9		
5			10		

流程 3　准备工作

通过对工单解读，结合设计的产品配方需求，将所设计香肠制作所需的设备和原辅料填入下面表格中。

__________香肠加工所需设备

序号	设备名称	规格	序号	设备名称	规格
1			6		
2			7		
3			8		
4			9		
5			10		

__________香肠加工所需原辅料

序号	原辅料名称	规格	序号	原辅料名称	规格
1			6		
2			7		
3			8		
4			9		
5			10		

流程 4　实施操作

1. 工艺流程

(1) 典型工艺流程　选料→腌制→绞肉→斩拌→搅拌→灌肠→烘烤→煮制→烟熏→

包装。

（2）扫码领取常见香肠的参考加工工艺流程。

见数字资源 5-10

数字资源 5-10

2. 操作要点

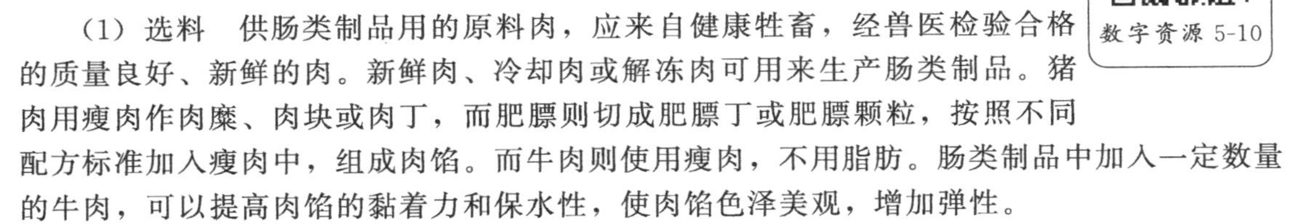

（1）选料　供肠类制品用的原料肉，应来自健康牲畜，经兽医检验合格的质量良好、新鲜的肉。新鲜肉、冷却肉或解冻肉可用来生产肠类制品。猪肉用瘦肉作肉糜、肉块或肉丁，而肥膘则切成肥膘丁或肥膘颗粒，按照不同配方标准加入瘦肉中，组成肉馅。而牛肉则使用瘦肉，不用脂肪。肠类制品中加入一定数量的牛肉，可以提高肉馅的黏着力和保水性，使肉馅色泽美观，增加弹性。

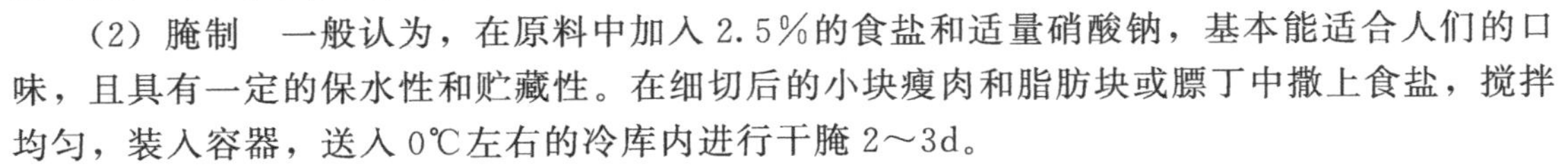

（2）腌制　一般认为，在原料中加入 2.5%的食盐和适量硝酸钠，基本能适合人们的口味，且具有一定的保水性和贮藏性。在细切后的小块瘦肉和脂肪块或膘丁中撒上食盐，搅拌均匀，装入容器，送入 0℃左右的冷库内进行干腌 2～3d。

（3）绞肉　绞肉是指用绞肉机将肉或脂肪切碎。在进行绞肉操作之前，应检查金属筛板和刀刃部是否吻合，检查后清洗绞肉机，绞肉时肉温应不高于 10℃。

（4）斩拌　首先将瘦肉放入斩拌机中，注意肉全面铺开，不要集中于一处，然后启动搅拌机。斩拌时加水量一般为每 50kg 原料加水 1.5～2kg，夏季用冰屑水，斩拌 3min 后把调制好的辅料慢慢加入肉馅中，再继续斩拌 1～2min，便可出馅。最后添加脂肪。肉和脂肪混合均匀后，应迅速取出。斩拌总时间为 5～6min。

（5）搅拌　搅拌操作程序是先投入瘦肉，接着添加调味料和香辛料，添加时要撒到叶片的中央部位，靠叶片从内侧向外侧的旋转作用，使其在肉中分布均匀。一般搅拌 5～10min。

（6）灌肠　灌肠主要是将制好的肉馅装入肠衣或容器内，成为定型的肠类制品，包括肠衣选择、肠类制品机械的操作、结扎串竿等。灌肠操作时应注意肉馅装入灌筒要紧实；手握肠衣要轻松，灵活掌握；捆绑灌制品要结紧结牢，不使其松散，防止产生气泡。

（7）烘烤　烘烤的作用是使肉馅的水分进一步蒸发，使肠衣干燥，紧贴肉馅，并和肉馅黏合在一起，防止或减少蒸煮时肠衣的破裂。另外，烘干的肠衣容易着色，且色调均匀。烘烤温度为 65～70℃，一般烘烤 40min 即可。目前采用的有木柴火、煤气、蒸汽、远红外线等烘烤方法。

（8）煮制　肠类制品煮制主要有蒸汽熟制和水浴熟制两种方法。煮制一般用方锅，锅内铺设蒸汽管，锅的大小根据产量而定。煮制时先在锅内加水至锅的容量的 80%左右，随即加热至 90～95℃，放入配料，加以拌和后，关闭气阀，保持水温 80℃左右，再将肠制品一杆一杆地放入锅内，排列整齐。煮制的时间因品种而异，其中心温度达到 72℃时，证明已煮熟。熟后的肠制品出锅后，用自来水喷淋掉制品上的杂物，待其冷却后再烟熏。

（9）烟熏　烟熏主要是赋予肠类制品以熏烟的特殊风味，增强制品的色泽，并增强制品的贮藏性。传统的烟熏方法是燃烧木头或锯木屑，烟熏时间依产品的规格质量要求而定。

流程 5　产品评价

数字资源 5-11

1. 产品质量标准

扫码领取表格，见数字资源 5-11。

2. 产品感官评价

参照产品质量标准，对制作的香肠进行感官评价。

项目	感官评价
形态	
色泽	
滋味	
香气	
杂质	
评价人员签字	

流程 6　总结评价

1. 请扫码领取表格，并填写有关安全注意事项及防护措施等。

见数字资源 5-12。

2. 请扫码领取表格，并填写相关内容，对本项目进行总结评价。

见数字资源 5-13。

数字资源 5-12

数字资源 5-13

任务二　制作肉干

肉干是用牛、猪等瘦肉经预煮后，加入配料复煮，最后经烘烤而成的一种肉制品。肉干是我国最早的加工肉制品，其加工简易、滋味鲜美、食用方便、易于携带，各地都有生产。由于原料肉、辅料、产地、外形等不同，其品种较多，如根据原料肉不同有牛肉干、猪肉干、羊肉干等；根据形状分为片状、条状、粒状等；按辅料不同有五香肉干、麻辣肉干等。但各种肉干的加工工艺基本相同。

实训目标

1. 应知肉干制品的加工原理与方法。

2. 应会正确选择肉干的原辅料。
3. 应能熟练进行肉干制品的加工生产。
4. 应会对肉干进行质量管理与控制。
5. 应有解决肉干制品加工中出现的各种问题的能力。
6. 应有创新意识与专业创新的能力。

实训流程

接收工单→配方设计→准备工作→实施操作→产品评价→总结评价。
扫码领取表格，见数字资源 5-14。

数字资源 5-14

流程 1 接收工单

序号：______ 日期：______ 项目：______

品名	规格	质量	完成时间
______肉干	______	______kg	4 学时
附记	根据实训条件和教学需求选择 1 种肉干并设定规格和数量		

流程 2 配方设计

数字资源 5-15

1. 参考配方

扫码领取经典肉干制品的参考配方。
见数字资源 5-15。

2. 配方设计表

通过对工单解读、查阅资料等，设计一款肉干的配方，并填写到下表中。

______肉干配方设计表

序号	材料	用量	序号	材料	用量
1			6		
2			7		
3			8		
4			9		
5			10		

流程 3 准备工作

通过对工单解读，结合设计的产品配方需求，将所设计肉干制作所需的设备和原辅料填入下面表格中。

__________肉干加工所需设备

序号	设备名称	规格	序号	设备名称	规格
1			6		
2			7		
3			8		
4			9		
5			10		

__________肉干加工所需原辅料

序号	原辅料名称	规格	序号	原辅料名称	规格
1			6		
2			7		
3			8		
4			9		
5			10		

流程 4　实施操作

1. 工艺流程

原料肉的选择与处理→预煮→切坯→复煮→脱水→冷却、包装。

2. 操作要点

(1) 原料肉的选择与处理　常用猪肉和牛肉，以前后腿的瘦肉为最佳。将原料肉除去脂肪、筋腱、肌膜后顺着肌纤维切成 0.5kg 左右的肉块，清水浸泡除去血水、污物，沥干备用。

(2) 预煮　预煮的目的是进一步挤出血水，并使肉块变硬以便切坯。将沥干的肉块放入沸水中煮制，一般不加任何辅料，但可加 1%～2%的鲜姜去除异味，煮制时以水盖过肉面为原则，水温保持在 90℃，撇去肉汤上的浮沫，煮制约 1h，使肉发硬，切面呈粉红色为宜。肉块捞出后，汤汁过滤待用。

(3) 切坯　肉块冷却后，可根据工艺要求在切坯机中切成小片或条或丁等形状。可切成 1.5cm 的肉丁或切成 0.5cm×2.0cm×4.0cm 的肉片（按需要而定）。不论什么形状，大小要均匀一致。

(4) 复煮　复煮又叫红烧，取原汤一部分加入配料，将切好的肉坯放在调味汤中用大火煮开，进一步熟化和入味。复煮汤料配制时，取肉坯重 20%～40%的过滤初煮汤，将配方中不溶解的辅料装袋入锅煮沸后，加入其他辅料及肉丁或肉片，用锅铲不断轻轻翻动，用大火煮制 30min 左右，随着剩余汤料的减少，应减小火力以防焦锅。用小火煨 1～2h，直到汤汁将干时，即可将肉取出。

(5) 脱水　肉干常规的脱水方法有三种。

① 烘烤法。将收汁后的肉丁或肉片铺在竹筛或铁丝网上，放置于烘炉或远红外烘箱烘烤。烘烤温度前期可控制在 80～90℃，后期可控制在 50℃左右，一般需要 5～6h 则可使含水量下降到 20%以下。在烘烤过程中要注意定时翻动。

② 炒干法。收汁结束后，肉丁或肉片在原锅中文火加温，并不停搅翻，炒至肉块表面微微出现蓬松茸毛时，即可出锅，冷却后即为成品。

③ 油炸法。先将肉切条后，将2/3的辅料与肉条拌匀，腌渍10～20min后，投入135～150℃的油锅中油炸。炸到肉块呈微黄色后，捞出并滤净油，再将剩余的1/3辅料混入拌匀即可。在实际生产中，亦可先烘干再上油衣，例如重庆丰都产的麻辣牛肉干在烘干后用菜油或麻油炸酥起锅。

(6) 冷却、包装　冷却以在清洁室内摊晾、自然冷却较为常用。必要时可用机械排风，但不宜在冷库中冷却，否则易吸水返潮。包装以复合膜为好，尽量选用阻气、阻湿性能好的材料。也可先用纸袋包装，烘烤1h后冷却，可以防止发霉变质，能延长保存期。如果装入玻璃瓶或马口铁（镀锡钢板）罐中，可保藏3～5个月。

数字资源 5-16

流程 5　产品评价

1. 产品质量标准

扫码领取表格，见数字资源5-16。

2. 产品感官评价

参照产品质量标准，对制作的肉干产品进行感官评价。

项目	感官评价
形态	
色泽	
滋味和气味	
杂质	
评价人员签字	

流程 6　总结评价

1. 请扫码领取表格，并填写有关安全注意事项及防护措施等。

见数字资源5-17。

2. 请扫码领取表格，并填写相关内容，对本项目进行总结评价。

见数字资源5-18。

数字资源 5-17

数字资源 5-18

任务三　制作肉脯

肉脯是烘干的肌肉薄片，属于典型的干肉制品。与肉干的加工不同之处在于不经过煮制，我国已有多年制作肉脯的历史，全国各地均有生产，加工方法稍有差异，但成品一般均为长方形薄片，厚薄均匀，为酱红色，干爽香脆。

实训目标

1. 应知肉脯的加工原理与方法。
2. 应能够熟练进行肉脯制品的加工生产。
3. 应会对肉脯制品生产进行质量管理与控制。
4. 应会解决肉脯制品加工中出现的各种问题。
5. 应有创新意识与专业创新的能力。

实训流程

接收工单→配方设计→准备工作→实施操作→产品评价→总结评价。

扫码领取表格，见数字资源 5-19。

数字资源 5-19

流程 1　接收工单

序号：________　日期：________　项目：________

品名	规格	数量	完成时间
______肉脯	______	______kg	4 学时
附记	根据实训条件和教学需求选择 1 种肉脯并设定规格和数量		

流程 2　配方设计

数字资源 5-20

1. 参考配方

扫码领取经典肉脯制品的参考配方。

见数字资源 5-20。

2. 配方设计表

通过对工单解读、查阅资料等，设计一款肉脯的配方，并填写到下表中。

__________肉脯配方设计表

序号	材料	用量	序号	材料	用量
1			6		
2			7		
3			8		
4			9		
5			10		

流程 3 准备工作

通过对工单解读，结合设计的产品配方需求，将所设计肉脯制作所需的设备和原辅料填入下面表格中。

__________肉脯加工所需设备

序号	设备名称	规格	序号	设备名称	规格
1			6		
2			7		
3			8		
4			9		
5			10		

__________肉脯加工所需原辅料

序号	原辅料名称	规格	序号	原辅料名称	规格
1			6		
2			7		
3			8		
4			9		
5			10		

流程 4 实施操作

一、传统肉脯加工

1. 工艺流程

原料选择与预处理→冷冻或不冷冻切片→调味、腌制→摊筛→烘干→焙烤→压片、切片→包装。

2. 操作要点

(1) 原料选择与预处理　选用经检疫合格的猪后腿肉或精牛肉，经过剔骨处理，除去肥膘、筋膜，顺着肌纤维切成块，洗去油污。需冻结的则装入方形肉模内，压紧后送－20～

－10℃冷库内速冻，至肉块中心温度达到－4～－2℃时，取出脱模，以便切片。

（2）切片　将冷冻后的肉块放入切片机中切片或人工切片，应顺着肉的肌纤维切片，肉片的厚度控制在1cm左右。然后解冻、拌料。不冻结的肉块排酸嫩化后直接手工切片并进行拌料。

（3）调味腌制　肉片可放在调味机中调味腌制。将辅料混匀后与切好的肉片拌匀，在10℃以下冷库中腌制2h左右。

（4）摊筛　摊筛的工序目前常见手工操作。首先用食用油将竹盘或铁筛刷一遍，然后将调味后的肉片铺平在竹盘上，肉片与肉片之间不得重叠。

（5）烘干　烘烤的目的主要是促进发色和脱水熟化。将铺平在筛子上的肉片放入干燥箱中，干燥的温度在55～60℃，前期烘烤温度可稍高，肉片厚度在0.2～0.3cm时，烘干时间为2～3h。含水分烘干至25%为佳。

（6）焙烤　焙烤是将半成品在高温下进一步熟化并使质地柔软，产生良好的烧烤味和油润的外观。焙烤时将半成品放在烘炉的转动铁网上，烤炉温度约200℃，时间8～10min，以烤熟为准。成品中含水量小于20%，一般以13%～16%为宜。

（7）压平、切片　烘干后将肉片从筛子中揭起，用切形机或手工切形，一般可切成6～8cm的正方形或其他形状。

（8）冷却、包装和贮藏　烤熟切片后的肉脯在冷却后应迅速进行包装，可用真空包装或充氮气包装，外加硬纸盒按所需规格外包装，也可采用马口铁（镀锡钢板）罐大包装或小包装。

二、现代肉糜脯加工

肉糜脯是采用猪肉、牛肉等经绞碎、添加淀粉等辅料后加工制成。判别肉脯与肉糜脯，可以看产品配料中是否含有淀粉或面粉，有则产品为肉糜脯；也可从产品的外观形态上判断，肉脯产品表面有明显的肌肉纹路，肉糜脯表面较光滑。

扫码领取参考配方，见数字资源5-21。

数字资源5-21

1. 工艺流程

瘦肉→绞碎→斩拌→腌制→铺片→定型→烤制→压平、裁片→包装。

2. 操作要点

（1）原料预处理　将合格鲜肉进行人工剔骨处理，除去骨骼、皮下脂肪、筋膜、淋巴等，清水浸泡清洗，除去血污，洗净晾干。

（2）斩拌、腌制　将小肉块放入斩拌机内进行高速斩拌，使肌肉细胞被破坏释放出最多的蛋白质，达到最好的黏结性，加入配好的辅料斩成肉糜，在斩拌过程中需加入适量的冷开水，一方面可增加肉馅的黏着性和调节肉馅的硬度，另一方面降低肉馅温度，避免高温发生变质。斩拌成黏性糊状为止，后继续在2～4℃条件下腌制2h。

（3）铺片、成型　将肉糜在烤盘上铺成厚度为1.5～2mm的薄片，放入烘房进行烘烤，先在70～75℃下恒温烘烤2～3h，当表皮干燥成膜时，剥离肉片并翻转，再在温度为60～65℃下烘烤2h，即为半成品。

（4）远红外烘烤成熟　将半成品放入200～220℃的远红外高温烘烤炉中烘烤1～2min，经过预热、收缩、出油三阶段烘烤成熟，颜色变成红色、有光泽。出炉后的大片肉脯立即用压平机平整，并按规格用切块机切成6cm×4cm的长方块。进入无菌冷却包装间进行包装。

流程 5　产品评价

数字资源 5-22

1. 产品质量标准

扫码领取表格，见数字资源 5-22。

2. 产品感官评价

参照产品质量标准，对制作的肉脯进行感官评价。

项目	感官评价
形态	
色泽	
滋味和气味	
杂质	
评价人员签字	

流程 6　总结评价

1. 请扫码领取表格，并填写有关安全注意事项及防护措施等。

见数字资源 5-23。

2. 请扫码领取表格，并填写相关内容，对本项目进行总结评价。

见数字资源 5-24。

数字资源 5-23

数字资源 5-24

任务四　制作肉松

肉松是我国著名的特产，是指瘦肉经高温煮制、炒制、脱水等工艺精制而成的肌肉纤维蓬松絮状或团粒状的干熟肉制品，具有营养丰富、味美可口、易消化、食用方便、易于贮藏等特点。根据所用原料、辅料等不同有猪肉松、牛肉松、羊肉松、鸡肉松等；根据产地不同，我国有名的传统产品有太仓肉松、福建肉松等。

实训目标

1. 应知肉松的加工原理与方法。

2. 应能熟练进行肉松制品的加工生产与质量管理。
3. 应有解决肉松制品加工中出现的各种问题的能力。
4. 应有创新意识与专业创新的能力。

实训流程

接收工单→配方设计→准备工作→实施操作→产品评价→总结评价。
扫码领取表格，见数字资源 5-25。

数字资源 5-25

流程 1　接收工单

序号：__________　日期：__________　项目：__________

品名	规格	数量	完成时间
______肉松	______	______kg	4 学时
附记	根据实训条件和教学需求设计规格和数量		

流程 2　配方设计

1. 参考配方

以 55kg 熟精肉为一锅，配制肉汤 25kg 左右，红酱油 7～9kg，白酱油 7～9kg，精盐 0.5～1.5kg，黄酒 1～2kg，白砂糖 8～10kg，味精 100～200g。由于各地的口味不同，可以适当调整各种辅料的比例。

扫码领取经典肉松制品的配方参考。
见数字资源 5-26。

数字资源 5-26

2. 配方设计表

通过对工单解读、查阅资料等，设计一款肉松的配方，并填写到下表中。

__________肉松配方设计表

序号	材料	用量	序号	材料	用量
1			6		
2			7		
3			8		
4			9		
5			10		

流程 3　准备工作

通过对工单解读，结合设计的产品配方需求，将所设计肉松制作所需的设备和原辅料填入下面表格中。

__________肉松加工所需设备

序号	设备名称	规格	序号	设备名称	规格
1			6		
2			7		
3			8		
4			9		
5			10		

__________肉松加工所需原辅料

序号	原辅料名称	规格	序号	原辅料名称	规格
1			6		
2			7		
3			8		
4			9		
5			10		

流程 4　实施操作

1. 工艺流程

以太仓肉松为例。

原辅料选择→原料修整（削膘→拆骨→精肉修整分割）→煮制（原料过磅→下锅→撇血沫→焖酥→起锅→分锅）→撇油（下锅和第一次加入辅助料→撇油→回红汤→收汤→第二次加入辅助料→炒干及过磅）→炒松→擦松（化验水分）→跳松→拣松→化验水分、细菌、油脂→包装。

2. 操作要点

（1）原辅料选择　常用新鲜后腿肉、夹心肉和冷冻分割精肉。其中后腿肉具有纤维长、结缔组织少、成品率高等优点，是做肉松的上乘原料。夹心肉的肌肉组织结构不如后腿肉，纤维短，结缔组织多，组织疏松，成品率低。为了取长补短，降低成本，通常将夹心肉和后腿肉混合使用。冷冻分割精肉也可作肉松原料，但其丝头、鲜度和成品率都不如新鲜后腿肉。

（2）原料修整　原料修整包括削膘、拆骨、分割等工序。

① 削膘。削膘是将后腿肉、夹心肉的脂肪层与精肉层分离，要求做到分离干净，即肥膘上不带精肉，精肉上不带肥膘，剥下的肥膘可作其他产品的原料。

② 拆骨。拆骨是将已削去肥膘的后腿肉和夹心肉中的骨头取出，要求做到骨上不带肉，肉中无碎骨，肉块较完整。

③ 分割。分割是把肉块上残留的肥膘、筋腱、淋巴碎骨等修净，然后顺着肉丝切成肉

块，便于煮制，如不按肉的丝切块，会造成产品纤维过短。

（3）煮制　煮制是肉松加工工艺中比较重要的一道工序，它直接影响猪肉松的纤维及成品率。煮制一般分为以下 6 个环节。

① 原料过磅。投料前必须过磅，遇到老和嫩的肉块要分开过磅，分开投料，腿肉与夹心肉按 1∶1 搭配下锅。

② 下锅。把肉块和汤倒进蒸汽锅，放足清水。

③ 撇血沫。蒸汽锅里水煮沸后，以水不溢出为原则，用铲刀把肉块从上至下前后左右翻身，防止粘锅，同时把血沫撇出，保持肉汤不浑浊。

④ 焖酥。焖酥阶段是煮制中最主要的一个环节，肉松纤维长短、成品率高低都是焖酥阶段中形成的。计算一锅肉焖酥时间可从撇血沫开始至起锅时为止。检查锅里肉块是否焖酥，可把肉块放在铲刀上，用小汤勺敲几下，肉块肌肉纤维能分开，用手轻拉肌肉纤维有弹性，且不断，说明此锅肉已焖酥。如果肉块用小汤勺一敲，丝头已断和糊，说明此锅肉已煮烂，焖酥时间过头了。用小汤勺敲几下肉块如仍是老样子，还需焖煮一段时间。

⑤ 起锅。未起锅时，先把浮在肉块上面一层较厚的汤油用大汤勺撇去，用小笊篱捞清汤里的油筋后，用铲刀把肉块上下翻几个身，让汤油、油筋继续浮出汤面。遇到夹心肉需敲碎，后腿肉不必敲。重复上述操作几次后，待这锅肉的汤油及油筋较少时即可起锅。起锅时熟精肉应呈宝塔形，一层一层叠放在容器里，将肉中的水分压出。留在蒸汽锅里的肉汤煮沸后待下道工序撇油时作辅料用。

⑥ 分锅。把堆成宝塔形的熟精肉摊开，称重分盘，称为分锅。分锅后的熟精肉做下道撇油用。

（4）撇油　撇油是半成品猪肉松形成的阶段，是猪肉加工工艺中重要的工序，也叫除浮油，它直接影响成品的色泽、味道、成品率和保存期。油不净则不易炒干，并易于焦锅，使成品发硬、颜色发黑。撇油一般可分为以下 6 个环节。

① 下锅和第一次加入辅助料。把熟精肉倒进蒸汽锅里，加入专用配制的肉汤、红白酱油、精盐、酒和适量的清水。待锅里汤水煮沸后，后续操作不再加入生水，否则影响成品的保存期。

② 撇油。撇油时要勤翻、勤撇、勤拣。一锅肉一般堆 10 次肉，每堆 1 次肉撇油 2 次。检查一锅肉油脂是否符合标准，一般肉眼观察，即蒸汽锅的锅底能从红汤里反映出来，浮在红汤上面的油脂为白色，像雪花飘落在汤上面，油滴细散不聚合成片。

③ 回红汤。肉汤和酱油混在一起，颜色是红的，故称为红汤。在撇油脂过程中，红汤油随油脂一起倒入汤内，将锅内的油脂基本撇净后，必须把桶内的油脂撇在另一处。下面露出的是红汤，红汤里含有一定的营养成分、鲜度和咸度。这些红汤一般重新倒回蒸汽锅里，被肉质全部吸收进去，把红汤扔掉会降低肉松质量。

④ 收汤。油脂撇清后，锅里留有一定量的红汤，将其与肉一起煮制，称为收汤。在收汤时蒸汽压力不宜太大，需不断地用铲刀翻动肉，使红汤均匀地被肉质吸收，同时也不粘锅底，防止产生锅巴，影响成品的质量。收汤时间一般在 15～30min。

⑤ 第二次加入辅助料。收汤以后还须经过 30min 翻炒，即可第二次加入辅助料绵白糖、味精，同时翻炒要勤，否则半制品肉松极容易粘锅底。

⑥ 炒干及过磅。经过 45min 左右的翻炒，半制品肉松中的水分减少，把它捏在手掌里，没有糖汁流下来，就可以起锅过磅。一锅半制品肉松分装在 4 个盘里，等待炒松。

（5）炒松、擦松　炒松的目的是将半制品肉松脱水成为干制品。将半制品肉松倒入热风顶吹烘松机，烘约45min，使水分先蒸发一部分，再将其倒入铲锅或炒松机进行烘炒。要用文火烘炒，炒松机内的肉松中心温度以55℃为宜，炒40min左右。然后将肉松倒出，清除机内锅巴后，再将肉松倒回去进行第二次烘炒，炒约15min。分两次炒松的目的是减少成品中的锅巴和焦味，提高成品质量。烘炒后还要进行擦松，使肉松变得更加轻柔，并出现绒头，即绒毛状的肉质纤维。擦好后的肉松要进行水分测定，测定时采集的样品要取样均匀，有代表性，以保证精确度。水分测定合格后，才能进入跳松、拣松阶段。

（6）跳松、拣松　跳松是把混在肉松里的头子、筋等杂质，通过机械振动的方法分离出来。拣松是为了弥补上述机器跳松的不足，人工将混在肉松里的杂质进一步拣出来。拣松时要做到眼快、手快，拣净混在肉松里的杂质。拣松后，还要进行第二次水分测定、含油率测定和菌检测定。在各项测定指标均符合标准的条件下方可包装。

流程5　产品评价

数字资源 5-27

1. 产品质量标准

扫码领取表格，见数字资源5-27。

2. 产品感官评价

参照产品质量标准，对制作的肉松进行感官评价。

项目	感官评价
形态	
色泽	
滋味和气味	
杂质	
评价人员签字	

流程6　总结评价

数字资源 5-28

1. 请扫码领取表格，并填写有关安全注意事项及防护措施等。

见数字资源5-28。

2. 请扫码领取表格，并填写相关内容，对本项目进行总结评价。

见数字资源5-29。

数字资源 5-29

任务五　制作酱卤肉

酱卤制品是在水中加食盐或酱油等调味料及香辛料，经煮制而成的一类熟肉类制品。酱卤制品是我国传统的一类肉制品，其主要特点是成品都是熟的，可直接食用，产品酥润，有的带有卤汁，不易包装和贮藏，适合就地生产、就地供应。根据加入调料的种类与数量不同划分为七种：五香（或红烧）制品、酱汁制品、卤制品、蜜汁制品、糖醋制品、白煮制品、糟制品。其中，五香制品无论是在品种上还是在销量上都是最多的。根据加工工艺不同可分为两大类：酱制品类、卤制品类。全国各地生产的酱卤肉品种很多，形成了许多名特优产品，例如白煮肉类代表南京盐水鸭，酱卤肉类代表北京酱猪肉，卤肉类代表德州扒鸡，蜜汁肉类代表上海蜜汁蹄髈等。

本任务以最经典的五香牛肉为例开展实训。

实训目标

1. 应知酱卤制品加工的基本原理、调味与煮制方法及制作工艺流程。
2. 应能够熟练进行酱卤制品的调味与煮制，合理进行加工生产。
3. 应有解决酱卤制品加工中出现的各种问题的能力。
4. 应有创新意识与专业创新的能力。

实训流程

接收工单→配方设计→准备工作→实施操作→产品评价→总结评价。

扫码领取表格见数字资源 5-30。

数字资源 5-30

流程 1　接收工单

序号：＿＿＿＿＿＿　日期：＿＿＿＿＿＿　项目：＿＿＿＿＿＿

品名	规格	数量	完成时间
五香牛肉	＿＿＿	＿＿＿kg	4 学时
附记	根据实训条件和教学需求设计规格和数量		

流程 2　配方设计

1. 参考配方

10kg 五香牛肉的用料量为：食盐 200g、酱油 250g、白糖 130g、白酒 60g、味精 20g、八角 50g、桂皮 40g、砂仁 20g、丁香 10g、花椒 15g、红曲粉适量、花生油适量。

数字资源 5-31

扫码领取更多经典酱卤肉的配方参考，见数字资源 5-31。

2. 配方设计表

通过对工单解读、查阅资料等，设计五香牛肉的配方，并填写到下表中。

五香牛肉配方设计表

序号	材料	用量	序号	材料	用量
1			6		
2			7		
3			8		
4			9		
5			10		

流程 3　准备工作

通过对工单解读，结合设计的产品配方需求，将所设计五香牛肉制作所需的设备和原辅料填入下面表格中。

五香牛肉加工所需设备

序号	设备名称	规格	序号	设备名称	规格
1			6		
2			7		
3			8		
4			9		
5			10		

五香牛肉加工所需原辅料

序号	原辅料名称	规格	序号	原辅料名称	规格
1			6		
2			7		
3			8		
4			9		
5			10		

流程 4　实施操作

1. 工艺流程

原辅料整理→腌制→预煮→烧煮→烹炸→成品。

2. 操作要点

（1）原辅料整理　去除较粗的筋腱或结缔组织，用 25℃左右温水洗除牛肉表面的血液和杂物，按纤维纹路切成 0.5kg 左右的肉块。

(2) 制作过程

① 腌制。将食盐撒在肉坯上，反复推擦，后在 0～4℃腌制 8～24h，腌制过程中需翻动多次，使肉变硬。

② 预煮。将腌制好的肉坯用清水冲洗干净，后放入水锅中，用旺火烧沸，撇除浮沫和杂物，约煮 20min，捞出牛肉块，放入清水中漂洗干净。

③ 烧煮。把牛肉块放入锅内，加入清水，同时放入全部配料等，用旺火煮沸，再改用小火焖煮 2～3h 出锅。煮制过程中需翻锅 3～4 次。

④ 烹炸。将油温升高到 180℃左右，把烧煮好的牛肉块放入锅内烹炸 2～3min 即为成品。烹炸后的五香牛肉有光泽，味道更香。

⑤ 成品。成品表面色泽酱红，油润发亮，筋腱呈透明或黄色；切片不散，咸中带甜，美味可口，出品率 42%左右。

流程 5　产品评价

数字资源 5-32

1. 产品质量标准

扫码领取表格，见数字资源 5-32。

2. 产品感官评价

参照产品质量标准，对制作的五香牛肉进行感官评价。

项目	感官评价
外观形态	
色泽	
口感风味	
组织形态	
杂质	
评价人员签字	

流程 6　总结评价

数字资源 5-33

1. 请扫码领取表格，并填写有关安全注意事项及防护措施等。见数字资源 5-33。

2. 请扫码领取表格，并填写相关内容，对本项目进行总结评价。见数字资源 5-34。

数字资源 5-34

任务六　探索制作创意肉类休闲食品（拓展模块）

实训目标

1. 应知肉类休闲食品的研发流程。
2. 应能激发自我的创新意识。
3. 应能培养塑造自我的创新思维。
4. 应有产品开发和独立创新的能力。
5. 应会研制创新肉类休闲食品。

实训流程

案例学习 → 头脑风暴 → 方案制订 → 产品研制 → 评价改进

流程 1　创意肉类休闲食品案例学习

以小组为单位，自主检索、调研学习创意肉类休闲食品，包括市场上的前沿新产品、相关比赛的创意产品、自主研发的创意产品等，至少列举 2 个案例，并汇报说明创意。

流程 2　小组进行肉类休闲食品创意设计的头脑风暴

以小组为单位，对肉类休闲食品的创意设计进行头脑风暴、讨论分析，形成一个可行的创意产品，小组选择一人做简要的汇报。

流程 3　创意肉类休闲食品的产品方案制订

扫码领取方案制订模板并填写，制订方案。

见数字资源 5-35。

数字资源 5-35

流程 4　创意肉类休闲食品的研制

完成创意肉类休闲食品的研发设计与制作。

流程 5　创意肉类休闲食品的评价改进

以小组为单位提交创意肉类休闲食品的制作视频、产品展示说明卡、产品实物，按照评分表进行综合性评价，具体包括自评、小组评价、教师评价，并提出产品的改进方向或措施。

扫码领取表格，见数字资源 5-36。

数字资源 5-36

项目三 模块作业与测试

一、实训作业

项目名称：______________________　　　　日期：____年__月__日

原辅料	质量/g	制作工艺流程
仪器设备		
名称	数量	

过程展示(实操过程图及说明等)

续表

<table>
<tr><td colspan="2">样品品评记录</td></tr>
<tr><td>样品概述</td><td></td></tr>
<tr><td>样品评价</td><td></td></tr>
<tr><td colspan="2">品评人：　　　　　　　　日期：</td></tr>
<tr><td colspan="2">总结(总结不足并提出纠正措施、注意事项、实训心得等)</td></tr>
<tr><td colspan="2">反馈意见：</td></tr>
<tr><td colspan="2">纠正措施：</td></tr>
<tr><td colspan="2">注意事项：</td></tr>
</table>

二、模块测试

扫码领取试题，见数字资源 5-37。

数字资源 5-37

拓展阅读

人造肉

食物是人类生存的基础，保证食物安全供给是实现人类可持续发展的必要条件。如今，全球人口的迅速增长，人类可利用的地球环境资源日趋紧张，不可预测的气候变化、自然灾害等发生，种种原因都给食物的供给带来了严峻的考验。

受消费人群的代际更迭，流行元素、文化思想在全球的快速传播影响不断变化，扎根于传统文化中的肉食行为，正在被更加理性、更具人文精神的新理念慢慢取代。人造肉应运而生，相比传统肉，人造肉没有胆固醇、激素、抗生素等安全问题，在营养成分、口感、味道都相同的前提下更健康环保。目前，市场上人造肉主要有植物肉和动物培育肉两种。

植物肉是利用大豆、豌豆等植物蛋白，通过混合、挤压、剪切等技术生产加工成类似动物肉的口感、味道或外观的食品。目前国内外市场的植物肉主要采用大豆蛋白，其蛋白含量高，蛋白凝胶特性好，更易产生肉类的纤维质感，且氨基酸组成很接近人体需求。相比，豌豆中蛋白含量仅有2%，产品成本相对大豆蛋白高。植物肉虽然有类似肉的口感，但肉的口味因素相对复杂，加上以大豆蛋白为原料的植物肉本身有豆腥味，模拟肉的风味是关键。在1.0时代，通过添加香精、色素，用黏合物质的方式来模拟肉的风味、外观、口感；到2.0时代，采用天然分子技术使植物肉拥有动物肉的特征风味；再到3.0时代，利用植物脂肪酸定向氧化技术，通过植物性油脂模拟出动物肉油脂特征风味；进入4.0时代，正迈向通过湿法挤压、蛋白质定向排列重组模拟肌肉纤维。

而动物培育肉，是指在特定的培养条件下，利用动物肌肉细胞中的多能干细胞等培养出来的具有传统肉类结构、风味口感的人造肉。其核心技术是无菌操作技术和细胞培养技术。首先从动物肌肉中分离具有高度分化活性的肌肉干细胞；然后培养和诱导目标细胞进行增殖和分化；再提供生长的骨架继续进行培养诱导形成多核肌管，进一步形成肌肉纤维；最后将获得的肌肉产品进行相应的加工包装即可。在细胞培育肉基础上，利用3D打印技术可以设计和制造具有定制形状、颜色、风味、质地结构和营养的食品。通过3D打印可以生产质地柔软的肉类来解决老年人咀嚼困难的问题，也可生产形状新颖的健康零食满足儿童的营养需求。与传统养殖肉相比，培养肉系统可以将肉类的生产周期缩短到几周，且占用的土地面积、消耗的水资源、温室气体的排放量、能源的消耗都大幅度降低，有望成为一种高效和可持续的生产方式。未来随着干细胞全能性调控、无血清培养、大规模生物反应器等技术的发展，动物细胞工厂可能会得到更加广泛的商业化应用。

参考文献

[1] 赵荣光．中国饮食文化史［M］．上海：上海人民出版社，2006.
[2] 王学泰．中国饮食文化史［M］．桂林：广西师范大学出版社，2006.
[3] 林建和，陈张华．畜产品加工技术［M］．成都：西南交通大学出版社，2019.
[4] 李锋，董彩军．肉制品加工技术［M］．北京：中国环境出版集团，2018.
[5] 孔保华，韩建春．肉品科学与技术［M］．北京：中国轻工业出版社，2011.
[6] 黄琼．食品加工技术［M］．厦门：厦门大学出版社，2012.
[7] 廖小军，赵婧，饶雷，等．未来食品：热点领域分析与展望［J］．北京工商大学学报（自然科学版），2022（2）：1-14，44.
[8] 赵婧，宋弋，刘攀航，等．植物基替代蛋白的利用进展［J］．食品工业科技，2021，42（18）：1-8.

模块六 乳类休闲食品加工技术

【课程思政】 中国的畜乳历史文化

课前问一问

1. 请说出5个中国乳业企业。
2. 超市乳品款式琳琅满目，你选择乳品的依据是什么？

乳制品并非舶来品。公元前170年，西汉文帝时，已有乳汁酿制奶酒的记载。北魏贾思勰的《齐民要术》中已录有符合现代微生物学原理的奶酪、酸奶生产方法。在唐朝以前，乳制品主要用于祭祀、供奉佛家弟子、药用以及进贡皇家。从唐朝开始，乳制品成为较普遍的贵族食品。宋朝，官府中为了加强乳品制造的管理，设立了乳制品的加工部门——“牛羊司乳酪院”。在《马可波罗游记》中，有元朝时期军中以干制奶品充作军粮的记载。明朝时期对乳类的认识有了新的飞跃，乳制品已开始进入寻常百姓家。

回到现代，新中国成立以来，中国乳业经历了“贫瘠”期（1949—1978年）、“改革”期（1978—2008年）、“提质”期（2008—2018年）和“振兴”期（2018至今）。新中国成立之初，乳业举步维艰，奶牛养殖数量少，高产奶牛存栏量低，供需矛盾突出。这种状态一直持续到20世纪80年代初。改革开放初期，我国乳业快速发展，进口高产种用奶牛和冷冻精液，并引进灭菌乳生产技术及设备，市场的供需矛盾逐渐缓和。成长总伴随着“阵痛”，2008年，爆发了婴幼儿奶粉事件，为乳业的发展刻下了一道深深的戒痕。经过反思自省，中国乳企通过加大与国外先进企业的交流，引进规模养殖场的圈舍设施、机械装备、检测仪器、质量管理体系等，不断找出差距，实现自我改进提升。中国乳业逐步实现了与国际先进标准对接，部分企业、部分领域已进入世界前列。2018年，农业农村部等九部委联合印发了《关于进一步促进奶业振兴的若干意见》（农牧发〔2018〕18 号），对乳业加强指导，加大扶持，促使中国乳业实现了从微弱到强盛的跨越式发展。

在奋进的中国人眼中，追赶从来不是难题。我们努力，我们创造，我们尽一切可能让“无”变成“有”，让“有”变成“优”。这是属于中国人的韧性，也是中国企业的精神。

课后做一做

1. 联系生活，调研市场，总结典型乳及乳制品种类，并以思维导图形式呈现。
2. 请选择一款你喜欢的乳或乳制品，并说明你喜欢的原因。

项目一　乳类休闲食品生产基础知识

任务一　了解乳类休闲食品前沿动态

学习目标

1. 应知乳类休闲食品的市场动态。
2. 应具备开展乳类休闲食品调研的能力。
3. 应具备团队合作、沟通协调的能力。

任务流程

产品调研 → 案例检索 → 案例汇报

流程 1　调研乳类休闲食品的相关信息

通过以下途径调研查阅相关信息，记录整理结果。

1. 联系生活，说说你日常认识的乳类休闲食品有哪些。
2. 网络检索，查查市场上乳类休闲食品有哪些。
3. 阅读资料，近年来流行的乳制品有哪些，并总结其特点。

流程 2　搜索乳类休闲食品的创新案例

数字资源 6-1

在网络和图书中查找乳类休闲食品的创新产品案例，写下拟订作为汇报材料的案例名称，并谈谈该案例对乳类休闲食品研发的借鉴意义。

扫码领取表格，见数字资源 6-1。

流程 3 制作并汇报乳类休闲食品的创新案例

分组讨论乳类休闲食品的创新案例，按“是什么、创新点、怎么看、如何做”整理撰写形成 PPT 或海报或演讲稿等，安排专人汇报，听取同学们建议后进行改进，并提交作业。

案例名称	
创新点	
怎么看待产品的创新点	
该类产品你会如何设计	

任务二 学习乳类休闲食品生产基础知识

学习目标

1. 应知乳类休闲食品的营养价值和原料加工特性。
2. 应知乳类休闲食品常用的加工方法、加工原理和加工设备。
3. 应会正确选择乳类休闲食品的生产技术。

任务流程

认识牛乳原料 → 了解乳类休闲食品生产加工技术 → 学习乳类休闲食品常用加工设备

流程 1 认识牛乳原料

问一问

什么是初乳、末乳，有什么特点？

学一学

牛乳原料特点

牛乳是由奶牛乳腺分泌的一种乳白色、白色或微黄色的不透明胶性液体。它是一种由水、蛋白质、脂肪、乳糖、磷脂、维生素、盐类和酶类等多种成分所组成的优质的营养食物。

乳的生成过程是在乳腺细胞和细小乳腺导管的分泌上皮细胞内进行的。生成乳的各种原料都是来自血液，其中球蛋白、酶、激素、维生素和无机盐等均由血液进入乳中，是乳中分泌上皮细胞对血浆选择性吸收和浓缩的结果；而乳蛋白、乳脂和乳糖等则是上皮细胞利用血液中的原料，经过复杂的生物过程合成的。

除膳食纤维外，牛乳含有人体所需要的全部营养物质，其营养价值之高是其他食物所不能比的。一个成年人每日喝 500mL 牛乳，能获得 15～17g 优质蛋白，可满足每天所需的必需氨基酸；能获得 600mg 的钙，相当于日需要量的 80%；可满足每日热量需要量的 11%。

一、蛋白质

牛乳蛋白质含量平均为 3.3%，约为人乳的 3 倍（人乳含蛋白质约 1.2%）。牛乳蛋白质中酪蛋白占 80%、乳清蛋白占 11%、乳球蛋白占 3%，此外还含有血清白蛋白、免疫球蛋白及酶等。酪蛋白在胃酸作用下形成凝块，不利于消化吸收。人乳蛋白质含量虽低于牛奶，但酪蛋白与乳清蛋白的构成比例与牛乳恰好相反，人乳中酪蛋白与乳清蛋白质量比为 0.3∶1，容易被婴儿消化吸收，因此，大多数配方奶粉都参照人乳的营养成分，以增加脱盐乳清粉的方法降低牛奶中酪蛋白的比例，使其接近人乳。牛乳蛋白质的氨基酸构成稍逊于鸡蛋蛋白质，生物价为 85，属完全蛋白质。

二、脂肪

牛乳中脂类含量与母乳近似，约为 3.5%，其中 95%为甘油三酯，油酸占 35%，亚油酸占 5.3%，亚麻酸占 2.1%，脂肪酸及其衍生物种类可达到 500 余种。牛乳中的脂肪颗粒小，呈高度分散状态，消化率高达 98%。此外乳脂肪中还含有少量的卵磷脂、脑磷脂和胆固醇等，但是牛乳中胆固醇的含量仅为 15mg/100mL，所以高血脂患者不必过分限制饮用牛乳。

三、糖类

牛乳所含的糖类约为 4.5%，其中 99.8%为乳糖，较人乳（7.5%）低。乳糖可以在人体小肠中经乳糖酶的作用水解。乳糖对婴儿的消化道具有重要意义，它不仅可以调节胃酸促进胃肠蠕动，而且还有益于乳酸菌的繁殖，抑制肠道腐败菌生长，可改善婴幼儿肠道菌群的分布。此外乳糖能在肠道中产生乳酸，有利于人体对钙、磷、锌的吸收。

四、矿物质

牛乳几乎含有婴儿所需要的全部矿物质，其中钙、磷、钾尤其丰富，牛乳中的钙主要以酪蛋白钙的形式存在，吸收率高，是供给人体钙的最好的食物来源。此外牛乳中还有多种微量元素，如铜、锌、锰和碘等。但乳中铁的含量为 2～3mg/L，仅为人乳中铁含量的 1/5，不能满足人体的需要。

五、维生素

牛乳中含有人体所需的各种维生素，其含量因季节、饲养条件及加工方式不同而有变化。

如在饲料旺盛期，乳中维生素 A 的含量明显高于饲料匮乏期；日照时间长，乳中的维生素 D 含量也有增加。乳及乳制品是维生素 B_2、生物素（维生素 H）、维生素 B_1 的良好来源。

做一做

1. 牛乳种类繁多，分析不同牛乳的营养特点和适用人群。

扫码领取表格，见数字资源 6-2。

2. 为什么牛乳蛋白是优质蛋白？

数字资源 6-2

流程 2　了解典型乳类休闲食品生产加工技术

问一问

典型乳类休闲食品加工技术有哪些？

扫码领取表格，见数字资源 6-3。

数字资源 6-3

学一学

乳类生产加工技术

乳类加工技术主要包括均质技术、灭菌技术、发酵技术、分离技术等，以下重点介绍乳类均质技术和灭菌技术。

一、乳类均质技术

均质是指对脂肪球进行适当的机械处理，把它们分散成更细小的微粒，均匀一致地分散在乳中。均质处理可使乳中脂肪球的直径平均缩小到原来的 1/10，这些小颗粒上浮速度极慢，因此，经过均质处理的牛乳很稳定。

均质时牛乳以较高的压力被送入阀座与均质机头之间的间隙，液体通常以 100～400m/s 的速度通过窄小的环隙，均质就在这 10～15s 中发生。牛乳的均质温度一般控制在 50～65℃，通常采用二级均质。

均质效果可以通过测定均质指数来检查。方法：取 250mL 均质乳样品在 46℃下贮存 48h，然后分别测定上层（容量的 1/10）和下层（容量的 9/10）乳中含脂率 $F_{上}$（%）和 $F_{下}$（%），按下式计算均质指数。

$$均质指数=\frac{F_{上}-F_{下}}{F_{上}}\times 100$$

一般均质乳的均质指数应在1～10范围内。

二、乳类灭菌技术

从杀死微生物的观点来看，牛乳的热处理强度越高越好。但是，强烈的热处理对牛乳色泽、风味和营养价值会产生不良影响，如乳蛋白变性、牛乳味道改变等。因此，时间和温度组合的选择必须考虑到微生物和产品质量两个方面以达到最佳效果。

1. 初次杀菌

初次杀菌（thermization）又称预杀菌，是用于延长牛乳贮存期的一种热处理方法，它通常在巴氏杀菌或更严格的热处理工艺之前进行。大乳品厂不可能在收乳后立即进行巴氏杀菌或加工，因此有一部分牛乳必须在贮乳罐中存数小时或数天，在这种情况下即使深度冷却也不足以防止牛乳变质。因此可以采用初次杀菌即将牛乳加热至63～65℃持续约15s以减少原料乳中的细菌数。为了防止需氧芽孢菌在牛乳中繁殖，必须将初次杀菌后的牛乳迅速冷却至4℃以下。

2. 低温长时巴氏杀菌

这是一种间歇式的巴氏杀菌方法，即牛乳在62～65℃下保持30min，可钝化乳中的碱性磷酸酶，可杀死乳中所有的病原菌、酵母菌和霉菌以及大部分的细菌，而在乳中生长缓慢的某些种微生物不被杀死。此外，一些酶被钝化，乳的风味改变很大，几乎没有乳清蛋白变性，冷凝聚且抑菌特性不受损害。其缺点是无法实现连续化生产。

3. 高温短时巴氏杀菌

高温短时（high-temperature short time，HTST）巴氏杀菌具体的时间和温度组合可根据所处理的产品的不同类型而变化。通常采用72～75℃、15s或采用80～85℃、1～5s杀菌。国际乳品联合会（IDF）推荐牛乳和稀奶油的高温短时杀菌工艺分别如下：

新鲜乳：72～75℃，15～20s。

稀奶油（脂肪含量10%～20%）：75℃，15s。

稀奶油（脂肪含量>20%）：>80℃，15s。

在这种温度下，乳中的病原菌，尤其是耐热性较强的结核菌都被杀死。由于受热时间短，热变性现象很少，风味有浓厚感，无蒸煮味。

4. 超巴氏杀菌

超巴氏杀菌（ultrapasteurisation）是一种延长货架期技术（ESL技术），目的是延长产品的保质期。它采取的主要措施是尽最大可能避免产品在加工和包装过程中再污染。这就要求有非常高水平的生产卫生条件和严格的分送温度。分送温度不宜超过7℃，温度越低，产品保质期越长。典型超巴氏杀菌条件为125～138℃、2～4s。

5. 超高温瞬时杀菌和普通杀菌

超高温瞬时（ultra heat treatment，UHT）杀菌和普通杀菌的目的都是杀死所有能导致产品变质的微生物使产品能在室温下贮存一段时间。但热处理条件不同产生的效果是不一样的。

普通杀菌的条件为115～120℃、15～20min。这种方法能钝化所有细菌脂酶和蛋白酶；产生严重的美拉德反应，导致棕色化；形成灭菌乳气味；损失一些赖氨酸；维生素含量降低；引起包括酪蛋白在内的蛋白质相当大的变化；使乳pH值大约降低了0.2个单位。这种方法目前已很少采用。

超高温瞬时杀菌的条件为130～150℃、保持0.5～4s。用这种方法处理时，乳中微生物全部消灭，而且乳的营养损失较少，从而大大改善灭菌乳的品质。

做一做

1. 牛乳均质的目的是什么？
2. 比较不同牛乳杀菌技术条件和特点。

扫码领取表格，见数字资源6-4。

3. 调研了解无菌包装，并分析无菌包装材料的优缺点。

扫码领取表格，见数字资源6-5。

数字资源 6-4

数字资源 6-5

流程3　学习乳类休闲食品常用加工设备

问一问

1. 乳类加工前处理步骤有哪些？
2. 前处理中需要使用哪些设备？

学一学

一、高压均质机

高压均质机是以高压往复泵为动力传递和输送物料的设备。将液态物料或以液体为载体的固体颗粒输送至工作阀（一级均质阀及二级均质阀）部分。要处理物料在通过工作阀的过程中，在高压下产生的强烈的剪切、撞击、空穴和湍流涡旋作用，从而使液态物料或以液体为载体的固体颗粒得到超微细化。“均质”是指物料在均质阀中发生的细化和均匀混合的加工过程。高压均质机是液体物料均质细化和高压输送的专用设备和关键设备。均质的效果影响产品的质量。均质机的作用主要有：提高产品的均匀度和稳定性；延长保质期；缩短反应时间从而节省大量催化剂或添加剂；改变产品的稠度，改善产品的口味和色泽；等等。均质机广泛应用于乳品、饮料等领域的生产、科研和技术开发。

二、杀菌设备

1. 板式热交换器

板式热交换器是由许多不锈钢薄片重叠压紧而成的热交换器，与之配套的主要工作部件有温度调节系统与自动记录仪、乳泵和热水泵等。热交换器主体部分是由许多具有花纹的热交换片依次重叠在框架上压紧而成，加热（或冷却）介质与料液在相邻两片间流动，通过金属片进行热交换，金属片面积大，流动的液层薄，传热效率高。

2. 管式热交换器

管式热交换设备有套管式热交换设备、列管式热交换器、螺旋管式热交换器，这里重点介绍套管式热交换设备。套管式热交换设备是采用间壁热交换加热牛乳以达到杀菌效果的装置。热交换过程是在同心套管中进行的，套管盘成螺旋状，因而设备具有结构紧凑、占地面积小的特点。牛乳由离心乳泵送入第一热交换段，升温到60℃后进均质泵均质，再经第二热交换段升温到90℃后进入加热段。在加热段中通入蒸汽将牛乳加热到118～120℃，在保温段保温后依次流经第二、第一热交换段与进入的冷牛乳进行热交换，被冷却至60℃到出口处。如出口温度低则可在加热段补充蒸汽加热至所需的温度。

3. 釜式杀菌技术

釜式杀菌设备有水压立式杀菌器、卧式杀菌器、回转式杀菌釜、巴氏杀菌机，这里重点介绍巴氏杀菌机。隧道式巴氏杀菌机处理的是已经灌装好了的容器，方法是将被杀菌物放在输送网链上，不断向前输送，在输送过程中从顶部不断喷淋高温热水（≤95℃），高温热水与被杀菌物表面直接接触，并不断有新的高温水从被杀菌物表面流过，因此使被杀菌物能有效地从新的高温水传入热量，故喷淋式杀菌方法传热效率高，加热均匀，使被杀菌物能快速加热到杀菌温度，被杀菌物在隧道中的加热保持和冷却都是连续不断的，因此可很好地实现自动化生产。

做一做

1. 简述高压均质机在乳品生产中的作用。
2. 查阅资料，选择一款乳制品，基于工艺流程，罗列出使用的设备。

项目二　乳类休闲食品的加工制作

任务一　制作酸奶

实训目标

1. 应知酸奶制作的原理。

2. 应会酸奶制品的加工制作。
3. 应会对酸奶进行质量管理与控制。

实训流程

接收工单→配方设计→准备工作→实施操作→产品评价→总结评价。
扫码领取表格，见数字资源 6-6。

数字资源 6-6

流程 1　接收工单

序号：__________　日期：__________　项目：____________________

品名	规格	数量	完成时间
酸奶	____mL/瓶	____瓶/人	4 学时
附记	根据实训条件和教学设计需求设计规格和数量		

流程 2　配方设计

1. 参考配方

纯鲜牛奶 5L、糖 5%、发酵剂（依据发酵剂使用说明书）。

2. 配方设计表

通过对工单解读、查阅资料等，设计酸奶的配方，并填写到下表中。

酸奶配方设计表

序号	材料	用量	序号	材料	用量
1			4		
2			5		
3			6		

流程 3　准备工作

通过对工单解读，结合设计的产品配方需求，将酸奶加工所需的设备和原辅料填入下面表格中。

酸奶加工所需设备

序号	设备名称	规格	序号	设备名称	规格
1			6		
2			7		
3			8		
4			9		
5			10		

酸奶加工所需原辅料

序号	原辅材料名称	规格	序号	原辅材料名称	规格
1			6		
2			7		
3			8		
4			9		
5			10		

流程 4　实施操作

1. 工艺流程

原料的选择→预热→配料→过滤→搅拌均质→加热杀菌→冷却→添加发酵剂→灌装→发酵→冷却保存（或搅拌）→分装→冷藏→成品。

2. 操作要点

（1）原料的选择　原料乳：市售纯牛奶。白砂糖：色白、无杂质。酸奶发酵剂：主要包含双歧杆菌（天然活性菌）、保加利亚乳杆菌、嗜热链球菌等。

（2）原料预热及容器杀菌消毒　量取纯牛奶原料放在加热容器中预热到 40℃左右；酸奶瓶（或塑料杯或玻璃瓶）、不锈钢盆、锅、勺子等在灭菌器内灭菌 30min（或是进行煮沸 12min 消毒，如用蒸锅灭菌需 45min），接种室内需紫外线灭菌 50min，接种工具在高压蒸汽灭菌器内灭菌 30min。

（3）配料　本工艺采用 5%的加糖量，将白砂糖放入牛乳中搅拌使其充分溶解，搅拌要充分以免乳原料粘锅、煮煳。

（4）过滤　使用 2～4 层纱布过滤。

（5）搅拌均质　将预热过滤后的加糖原料乳倒入搅拌机杯中，注意不要超过搅拌杯容积的 2/3，盖上盖子，处于高速档搅拌 1～2min，倒入另一加热容器中，重复以上操作，一直到加糖原料乳搅拌均质完（如若无该设备可略去均质工序）。

（6）加热杀菌　将搅拌均质后的原料乳放入容器中加热，注意加热杀菌过程一定要不断地搅拌，切记防止原料乳煮煳，否则酸乳会出现苦味，一般情况下煮沸保温 5～10min 即可，随后，水浴快速冷却。

（7）添加发酵剂　添加发酵剂的温度一般控制在 40～45℃，可以用手探试容器外壁，以稍微烫手但可以忍受即可。使用量按照产品说明添加，添加发酵剂时也要注意充分搅拌，以使分装后能很好发酵。

（8）灌装　将已添加发酵剂并搅拌均匀的原料乳分别灌装于消毒的酸奶瓶（或塑料杯或玻璃瓶）中，后用保鲜膜进行封口。

（9）发酵　将已灌装好的原料乳放入已事先预热好的培养箱中，发酵3～5h，发酵时间的长短决定于发酵剂的添加量和发酵菌种的活性，已预热好的培养箱温度为40～45℃，发酵完后取出冷却至室温。

（10）冷却保存　将已冷却至室温的酸奶放置在0～4℃的冰箱中，冷藏24h即可为成品。

（11）注意事项

① 带有果味的酸奶影响乳酸菌的发酵，要选择先发酵后加果料搅拌的方式。

② 牛奶加热的温度不能过高，否则会杀死酸奶中的乳酸菌造成发酵失败，如温度过低又会造成发酵慢，以摸着不烫手为准。

③ 容器消毒最好不用消毒液，若冲洗不干净，则会杀死乳酸菌，造成发酵失败。加热消毒是最安全的方法。

④ 有抗奶（含有抗生素）或还原奶（用奶粉还原成的牛奶）都不适合作为制作酸奶的原料。

⑤ 菌种酸奶因为质量不稳定，也可能造成发酵失败。

扫码领取脱乳清酸奶的制作工艺。

见数字资源6-7。

数字资源 6-7

数字资源 6-8

流程 5　产品评价

1. 产品质量标准

扫码领取表格，见数字资源6-8。

2. 参考相关标准，对酸奶进行感官评价，并填写下表。

项目	感官评价
形态	
色泽	
滋味和气味	
评价人员签字	

流程 6　总结评价

1. 请扫码领取表格，并填写有关安全注意事项及防护措施等。

见数字资源6-9。

2. 请扫码领取表格，并填写相关内容，对本项目进行总结评价。

见数字资源 6-10。

数字资源 6-9

数字资源 6-10

任务二　制作冰淇淋

实训目标

1. 应知冰淇淋加工原理。
2. 应知巴氏灭菌、均质、老化、凝冻等工序对冰淇淋品质的影响。
3. 应会冰淇淋配方设计与加工制作。
4. 应会对冰淇淋进行质量管理与控制。

实训流程

接收工单→配方设计→准备工作→实施操作→产品评价→总结评价。

扫码领取表格，见数字资源 6-11。

数字资源 6-11

流程 1　接收工单

序号：＿＿＿＿＿＿　日期：＿＿＿＿＿＿　项目：＿＿＿＿＿＿

品名	规格	数量	完成时间
冰淇淋	＿＿＿g/盒	＿＿＿盒/人	4 学时
附记	根据实训条件和教学需求设计规格和数量		

流程 2　配方设计

1. 参考配方

速溶全脂乳粉 20%、甜炼乳 10%、奶油 7%、白糖 10%、明胶 0.4%、单甘酯 0.3%、鲜蛋 7%、香草香精 0.15%、水加至 100%。

若速溶全脂乳粉含蔗糖20%，则速溶全脂乳粉用量改为12.5%，白糖用量改为8%。若无奶油，可使用人造奶油。

2. 配方设计表

通过对工单解读、查阅资料等，设计冰淇淋的配方，并填写到下表中。

冰淇淋配方设计表

序号	材料	用量	序号	材料	用量
1			6		
2			7		
3			8		
4			9		
5			10		

流程3 准备工作

通过对工单解读，结合所设计的产品配方，及查阅资料，将冰淇淋所需的设备和原辅料填入下表中。

冰淇淋加工所需设备

序号	设备名称	规格	序号	设备名称	规格
1			6		
2			7		
3			8		
4			9		
5			10		

冰淇淋加工所需原辅料

序号	原辅料名称	规格	序号	原辅料名称	规格
1			6		
2			7		
3			8		
4			9		
5			10		

流程4 实施操作

1. 工艺流程

原料处理和配制→巴氏灭菌→过滤→均质→冷却→老化（加入香精）→凝冻→包装→硬化→冷藏→成品。

2. 操作要点

(1) 原料处理和配制

① 在白糖中加入适量的水，加热溶解后经 120 目筛过滤后备用。

② 将明胶用冷水洗净，再加入温水制成 10%的溶液备用。

③ 鲜蛋去壳后除去蛋清，将蛋黄搅拌均匀后备用。

④ 在不锈钢锅内先加入一定量的水，预热至 50～60℃，加入速溶全脂乳粉、甜炼乳、奶油、单甘酯和蛋黄，搅拌均匀后，再加入经过过滤的糖液和明胶溶液，加水至定量。

（2）巴氏灭菌　将装有配制好的混合原料的不锈钢锅，放入水浴锅中，以 75℃左右（指混合原料的温度）的温度杀菌 25～30min。

（3）过滤　杀菌后的混合原料经 120 目筛过滤，以除去杂质。

（4）均质　将杀菌和过滤后的混合原料用高压均质机进行均质。高压均质机在使用前必须用自来水进行清洗，然后用适当浓度（含 400mg/L 有效氯）的 533 消毒液（或漂白水）消毒，最后再用无菌水冲洗。加入二段混合原料后将均质机的高压压力调至 17MPa 左右，低压压力调至 3.5MPa 左右。

（5）冷却　均质后的混合原料，先用常温水冷却，然后再用冰粒加水尽快冷却至 2～4℃。冰粒可预先利用制冰机制作。

（6）老化　冷却后的混合原料，放入冰箱的冷藏室内老化 4h 以上，老化温度尽可能控制在 2～4℃，老化结束时加入香精，并搅拌均匀。

（7）凝冻　对冰淇淋机的凝冻筒的内壁先进行清洗，然后用适当浓度（含 400mg/L 有效氯）的 533 消毒液（或漂白水）消毒 10min，最后再用无菌水冲洗 1～2 次。

将老化好的混合原料倒入冰淇淋机的凝冻筒内，先开动搅拌器，再开动冰淇淋机的制冷压缩机制冷。待混合原料的温度下降至－3～－4℃时，冰淇淋呈半固体状即可出料。凝冻所需的时间大致为 10～15min。

（8）包装　根据需要先对冰淇淋杯、勺进行消毒，可用适当浓度（含 300～400mg/L 有效氯）的 533 消毒液（或漂白水）浸泡消毒 5min，再用无菌水浸泡洗涤去除余氯味。冰淇淋杯的纸盖用纱布包好，以常压蒸汽消毒 10min。将凝冻好的冰淇淋装入冰淇淋杯中，放上小勺，加盖密封，整齐地放在搪瓷盘上。

（9）硬化　将装有冰淇淋杯的搪瓷盘放入冻结室中硬化数小时。

（10）冷藏　将冰淇淋成品放在－20℃以下的冷冻室中贮藏。

3. 冰淇淋的膨胀率的测定

随机抽取一杯软质冰淇淋，倒入烧杯中，再加入等体积的水，水浴加热至 50℃，使冰淇淋中的空气排出，再加入 6mL 的乙醚，消除残余的气体，然后用量筒测量其体积，即可计算出这杯冰淇淋所用的混合原料的体积。

计算公式：

$$E=\frac{V_2-V_1}{V_1}\times 100\%$$

式中　V_1——混合原料的体积；

V_2——凝冻后的冰淇淋的体积；

E——冰淇淋的膨胀率。

流程 5　产品评价

1. 产品质量标准

扫码领取表格，见数字资源 6-12。

数字资源 6-12

2. 产品感官评价

查阅相关标准，对制作的冰淇淋进行感官评价，并填写下表。

项目	感官评价
形态	
色泽	
滋味和气味	
口感	
杂质	
评价人员签字	

流程 6　总结评价

数字资源 6-13

1. 请扫码领取表格，并填写有关安全注意事项及防护措施等。见数字资源 6-13。

数字资源 6-14

2. 请扫码领取表格，并填写相关内容，对本项目进行总结评价。见数字资源 6-14。

任务三　制作奶酪

实训目标

1. 应知奶酪制作的原理。
2. 应会奶酪制品加工制作。
3. 应会对奶酪进行质量管理与控制。

实训流程

接收工单→配方设计→准备工作→实施操作→产品评价→总结评价。扫码领取表格，见数字资源 6-15。

数字资源 6-15

流程 1 接收工单

序号：__________ 日期：__________ 项目：__________

品名	规格	数量	完成时间
奶酪	______g/个	______个/人	4 学时
附记	根据实训条件和教学需求设计规格和数量		

流程 2 配方设计

1. 参考配方

鲜牛乳 5kg、无菌乳酸菌发酵剂 100～200g（直投式发酵剂按产品推荐使用量）、皱胃酶适量、食盐按干酪粒重的 2%。

2. 配方设计表

通过对工单解读、查阅资料等，设计奶酪的配方，并填写到下表中。

奶酪配方设计表

序号	材料	用量	序号	材料	用量
1			6		
2			7		
3			8		
4			9		
5			10		

流程 3 准备工作

通过对工单解读，结合上述配方设计，及查阅资料，将奶酪加工所需的设备和原辅料填入下表中。

奶酪加工所需设备

序号	设备名称	规格	序号	设备名称	规格
1			6		
2			7		
3			8		
4			9		
5			10		

奶酪加工所需原辅料

序号	原辅料名称	规格	序号	原辅料名称	规格
1			6		
2			7		
3			8		
4			9		
5			10		

流程 4　实施操作

1. 工艺流程

原料乳杀菌→冷却→添加发酵剂→保温（预酸化）→加氯化钙→加凝乳酶→凝块形成→切块→搅拌、加热及排除乳清→加盐→成型压榨→发酵成熟→上色挂蜡→成品。

2. 操作要点

(1) 原料乳的前处理　原料乳经净化后，以 63℃、30min 进行保温杀菌，再冷却至 32℃。

(2) 发酵凝酶　当牛乳倒入干酪罐后，首先在牛乳中加入无菌乳酸菌发酵剂，使牛乳发酵产酸，这期间，将干酪罐内的温度控制在 32～34℃，并开动搅拌器，使发酵剂与牛乳充分融合，加快产酸。发酵 45～50min 后，牛乳已充分产酸，再加入凝乳酶，促使原乳凝结。凝乳酶是奶酪制作中必备的添加剂，加入凝乳酶 10min 后，关闭搅拌机，使牛乳静置凝乳。凝乳块形成需要 35～40min，以备切块。

(3) 切块　将凝块用干酪刀纵横切成约 $1cm^3$ 大小的方块。

(4) 搅拌、加热及排除乳清　将切割过的凝乳缓慢搅拌并加热至 32～36℃，以便加速乳清排除，使凝块体积缩小至原来的一半大小。然后将乳清排除。

(5) 加盐及成型压榨　将干酪颗粒堆积在干酪槽的一端，用带孔的压板压紧，继续排除乳清。将食盐撒布在干酪粒中，混合均匀。然后将干酪粒用纱布包好后装入压榨模具中，用力压紧。压榨 24h 后取出，称为生干酪。

(6) 发酵成熟　将干酪放入发酵间进行成熟。发酵间一般要求保持 5～15℃的温度和 80%～90%的相对湿度，时间为 0.5～6 个月。

流程 5　产品评价

数字资源 6-16

1. 产品质量标准

扫码领取表格，见数字资源 6-16。

2. 参考相关标准，对奶酪进行感官评价，并填写下表。

项目	感官评价
组织状态	
色泽	

续表

项目	感官评价
滋味和气味	
评价人员签字	

流程 6　总结评价

数字资源 6-17

数字资源 6-18

1. 请扫码领取表格，并填写有关安全注意事项及防护措施等。见数字资源 6-17。
2. 请扫码领取表格，并填写相关内容，对本项目进行总结评价。见数字资源 6-18。

任务四　探索制作创意乳类休闲食品（拓展模块）

实训目标

1. 应知乳类休闲食品的研发流程。
2. 应能激发自我的创新意识。
3. 应能培养塑造自我的创新思维。
4. 应有产品开发和独立创新能力。
5. 应会研制创意乳类休闲食品。

实训流程

流程 1　创意乳类休闲食品案例学习

以小组为单位，自主检索、调研学习创意乳类休闲食品，包括市场上的创意产品、相关比赛的创意产品、自主研发的创意产品等，至少列举 2 个案例，并汇报说明创意。

流程 2　小组进行乳类休闲食品创意设计的头脑风暴

以小组为单位，对乳类休闲食品的创意设计进行头脑风暴、讨论分析，形成一个可行的创意产品，小组选择一人做简要的汇报。

流程 3 创意乳类休闲食品的产品方案制订

扫码领取方案制订模板并填写，制订方案。

见数字资源 6-19。

数字资源 6-19

流程 4 创意乳类休闲食品的研制

完成创意乳类休闲食品的研发设计与制作。

流程 5 创意乳类休闲食品的评价改进

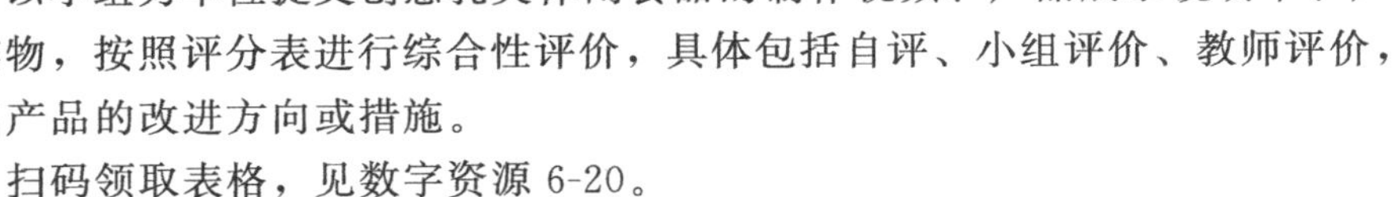

以小组为单位提交创意乳类休闲食品的制作视频、产品展示说明卡、产品实物，按照评分表进行综合性评价，具体包括自评、小组评价、教师评价，提出产品的改进方向或措施。

扫码领取表格，见数字资源 6-20。

数字资源 6-20

项目三 模块作业与测试

一、实训作业

项目名称：__________________ 日期：____年__月__日

原辅料	质量/g	制作工艺流程
仪器设备		
名称	数量	

续表

过程展示(实操过程图及说明等)	
样品品评记录	
样品概述	
样品评价	
品评人： 日期：	
总结(总结不足并提出纠正措施、注意事项、实训心得等)	
反馈意见：	
纠正措施：	
注意事项：	

二、模块测试

扫码领取试题，见数字资源 6-21。

拓展阅读

发酵乳制品与肠道菌群

发酵作为一种食品的保存方法已经使用了几个世纪。发酵乳通常是通过在经过热处理的动物乳中加入合适的乳酸菌，然后进行培养以降低pH值，采用或不采用凝固预处理得到的发酵食品。酸奶、发酵奶油、酪乳和开菲尔是市面上最常见的发酵乳品种，这些食品根据历史文化、地理位置和乳类型的不同而产生多种附加产品。嗜热链球菌和德氏乳杆菌保加利亚亚种制成的复合发酵剂是发酵乳制品的常用发酵剂。

人类胃肠道是由1000～2000种多样而复杂的微生物组成的，肠道菌群执行许多关键功能，包括保护宿主免受潜在病原体的侵害、从膳食成分中提取营养成分，以及调节消化和免疫稳态。虽然已有大量的文献报道成人肠道微生物的结构组成是相对稳定的，但抗生素、饮食、疾病、卫生和其他因素都可能干扰这个生态系统的组成和功能。发酵食品中作为乳酸菌被添加到食品中的微生物，以及摄食发酵食品后产生的微生物，不仅会影响人体的肠道菌群，还会影响人体的其他生理功能。已有相关研究表明发酵乳制品中含有一些微生物，可以在人体胃肠道消化过程中存活并定殖在人体中发挥功能作用。发酵乳在改善人体肠道功能的作用方面显得尤为突出，包括助消化、治疗炎症性肠病、消除幽门螺杆菌感染治疗后的副作用、缓解便秘和胃食管反流等。

参考文献

[1] 路建峰，陈春刚，赵功玲．休闲食品加工技术［M］．北京：中国科学技术出版社，2012.

[2] 刘振民．乳脂及乳脂产品科学与技术［M］．北京：中国轻工业出版社，2019.

[3] 张艳杰．发酵乳改善胃肠道功能作用的研究进展［J］．现代食品科技，2023，39（07）：352-357.

豆类休闲食品加工技术

【课程思政】 中国味道——中国的豆酱文化

课前问一问

1. 中国豆酱起源于何时？
2. 豆酱的制作原料主要有哪些？
3. 目前市场上代表性的豆酱产品有哪些？

酱料，作为中华烹饪文化的重要组成部分，不仅丰富了菜肴的风味，更是中国饮食文化独特性的体现。酱料不仅仅是调味品，它更像是一种风味的载体，能够包容各种食材的味道，从酸甜苦辣到五谷杂粮，无所不包。可以说，理解中国的酱料，即是触摸到中国饮食文化的灵魂。那么，中国的豆酱起源于何时？是如何制作出来的？

在酱料加工的历史中，春秋时期的范蠡因一次偶然的发现，对酱料制作产生了深远的影响。据史料记载，年轻时的范蠡在管理一家财主的厨房时，由于烹饪技艺尚不成熟，常导致食物未能被完全食用，进而发生酸败。为了避免食物浪费，范蠡将这些剩余食物妥善保存。在一次尝试中，范蠡对这些酸败食物进行了创新性处理：他首先将食物中的霉菌清除，然后将食物晒干并炒熟，以去除不良气味并达到杀菌的效果。此后，他将温水加入到这些处理过的食物中，使其形成均匀的糊状物，进而用作饲料。这一过程不仅解决了食物浪费的问题，还意外地为猪提供了营养丰富的饲料，得到了财主的认可。更为关键的是，范蠡的这一创新行为启发了他对食物发酵潜能的探索。在一次偶然的实验中，一位小长工将这种处理过的食物加入面条中，意外地发现其味道大为提升。这一发现激发了范蠡对食物转化的深入研究，他开始系统地改良这一过程，最终成功创制出了一种新的调味品——酱。这种调味品不仅丰富了人们的饮食文化，也为后世食品加工技术的发展奠定了基础。范蠡的这一创新实践，体现了对食物资源的珍惜和对食品加工技术的探索精神，值得我们在实践中深入学习。

至于酱料的酿造历史可追溯至西汉时期，其最早记载见于西汉元帝时代史游所著的《急就篇》，其中提及了“芜荑盐豉醯酢酱”。在西汉之后，豆酱的制作工艺逐渐成熟，其基本流程包括将原料进行蒸煮，随后加入预先制备的酱曲，并与盐水按适当比例混合进行发酵，整个发酵过程需在日光下进行以促进微生物的生长。

如今，随着科学技术的迅猛发展，传统豆酱工艺与现代科技的融合日益加深。为了更好地适应现代消费者的需求，豆酱的制作工艺经历了显著的改进。例如，现代生产中采用了“自动发酵房”技术，取代了传统的“竹筐发酵”方法，显著提升了生产效率。此外，通过引入高温杀菌技术，豆酱的保质期得到了延长，从而使得产品能够远销至海外市场。

展望未来，我们将继续致力于提升豆酱的发酵工艺和技术水平，旨在生产出品质更为卓越的酱料产品。同时，我们也将不断提升豆酱的安全性，以期在国际市场上进一步提升中国豆酱的竞争力和影响力，使其成为传播中国饮食文化的重要载体。

课后做一做

查阅文献资料，调研具有地方特色的豆酱有哪些，绘制出中国豆酱分布图。

项目一　豆类休闲食品生产基础知识

任务一　了解豆类休闲食品前沿动态

学习目标

1. 应知豆类休闲食品的市场动态。
2. 应具备开展豆类休闲食品调研的能力。
3. 应具备团队合作、沟通协调的能力。

任务流程

流程 1　调研豆类休闲食品的相关信息

通过以下途径调研查阅相关信息，记录整理结果。

1. 联系生活，说说你日常认识的豆类休闲食品有哪些。
2. 网络检索，查查市场上豆类休闲食品有哪些。
3. 阅读资料，看看豆类休闲食品有哪些品类。

流程 2 搜索豆类休闲食品的创新案例

在网络和图书中查找豆类休闲食品的创新产品案例，写下拟订作为汇报材料的案例名称，并谈谈该案例对豆类休闲食品研发的借鉴意义。

扫码领取表格，见数字资源 7-1。

数字资源 7-1

流程 3 制作并汇报豆类休闲食品的创新案例

分组讨论豆类休闲食品的创新案例，按“是什么、创新点、怎么看、如何做”整理撰写形成 PPT 或海报或演讲稿等，安排专人汇报，听取同学们建议后进行改进，并提交作业。

案例名称	
创新点	
怎么看待产品的创新点	
该类产品你会如何设计	

任务二 学习豆类休闲食品生产基础知识

学习目标

1. 应知豆类休闲食品的原料加工特性。
2. 应知豆类休闲食品常用的加工方法和加工设备。
3. 应会正确选择豆类休闲食品的生产技术。

任务流程

认识豆类原料 → 了解豆类休闲食品生产加工技术 → 学习豆类休闲食品常用加工设备

流程 1 认识豆类原料

问一问

豆类的营养特性有哪些？

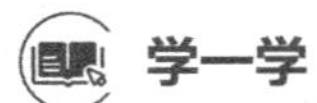

学一学

大豆原料特点

一、大豆的分类

大豆按其种皮的颜色可分为黄大豆、青大豆、黑大豆、其他颜色大豆（种皮为褐色、棕色、赤色等单一颜色的大豆）。其中，黄大豆占大豆总产量的90%以上，所以加工中的大豆往往指的是黄大豆。黄大豆按照粒形大小，又分东北黄大豆和一般黄大豆两类。颗粒小、品质差的黄大豆又称秣食豆，一般作饲料用，亦称为饲料豆。此外，大豆按其播种季节的不同又可分为春大豆、夏大豆、秋大豆和冬大豆四类。我国以种植春大豆为主。

二、化学组成与营养

大豆内含有蛋白质、油脂、糖类、无机盐、维生素和矿物质等。其中蛋白质和油脂通常占全豆总重的60%以上，但由于品种和产地的不同，以及受到遗传因素、土壤和气候条件影响，其化学成分有所差异。

1. 蛋白质

大豆蛋白质含量高达40%，根据在籽粒中存在的作用不同，大豆蛋白一般可分为贮存蛋白、结构蛋白和生物活性蛋白。其中贮存蛋白是大豆蛋白的主体，作为食物，主要利用的是大豆中的贮存蛋白。此外，根据溶解度的不同，大豆蛋白可分为白蛋白和球蛋白。大豆中90%以上的蛋白是球蛋白。除在等电点（pH值为4.3附近）外，大豆蛋白大部分可以溶于水，但受到热，特别是蒸煮等高温处理，溶解度急剧降低。在豆腐和大豆分离蛋白加工中，白蛋白一般在水洗和压滤时流失。

2. 脂质

大豆含20%的油脂，是世界上主要的油料作物。大豆油脂的主要特点是不饱和脂肪酸含量高，61%为多不饱和脂肪酸，24%为单不饱和脂肪酸。由于不饱和脂肪酸如α-亚麻酸有防止血液中的胆固醇沉积于血管的效果，所以大豆油脂可以预防心血管疾病。

3. 糖类

大豆中的糖类含量约为25%。主要成分为蔗糖、棉籽糖、水苏糖等低聚糖以及纤维素和多缩半乳糖等多糖。大豆中的低聚糖能促进双歧杆菌的增殖，抑制有害菌及腐生菌的生长和代谢，能防止腹泻及便秘的发生，减少有害代谢产物的形成，减轻肝脏分解毒素的负担，有效预防相关病症的发生。同时还具有降低血清胆固醇、降低血压、增强免疫功能、预防乳糖消化不良、生成B族维生素和延缓衰老等作用。因此国内外出现了大豆低聚糖保健产品。

三、大豆中重要的微量成分

1. 大豆异黄酮

大豆异黄酮是大豆在生长过程中形成的次级代谢产物，是大豆中一类重要的非营养成分。大豆异黄酮是多酚类混合物，目前发现大豆中具有12种异黄酮，分为游离型苷元和结合性糖苷。苷元占总量的2%～3%，包括染料木素、大豆苷元和大豆黄素。糖苷占总量的97%～98%，主要以丙二酰染料木苷、丙二酰大豆甘、染料木苷和大豆苷形式存在。

2. 大豆皂苷

大豆皂苷为苷类化合物的一种，具有溶血活性和起泡特性，目前至少已经分离出10种主要的大豆皂苷。大豆皂苷分子由低聚糖与齐墩果烯连接而成，即由萜类同系物（称为皂苷元）与糖缩合而成的一类化合物。大豆皂苷属于五环三萜类皂苷，经酸水解后，其水解组分主要为糖类。

3. 蛋白酶抑制素

大豆中含有一类毒性蛋白，可抑制胰蛋白酶、胰凝乳蛋白酶、弹性硬蛋白酶及丝氨酸蛋白酶的活性，称为蛋白酶抑制素或胰蛋白酶抑制素。其含量为17～27mg/g，占大豆贮存蛋白总量的6%。迄今，从大豆中已分离出Kunitz和Bowman-Birk两类蛋白酶抑制素。

由于摄入大豆蛋白酶抑制素会影响动物的胰脏功能，因此在大豆食品加工中，需钝化其活性。通常加热10min，可将其80%的活性钝化。

四、大豆抗营养因子

大豆营养丰富，但是同时也存在多种抗营养因子，影响消化吸收、破坏新陈代谢和引起人体不良的生理反应。大豆及其加工产品中存在的抗营养因子有大豆球蛋白、β-伴大豆球蛋白、胰蛋白酶抑制因子、大豆凝集素、抗维生素因子、脲酶、植酸、皂苷、异黄酮、单宁、寡糖等。

扫码领取微课，见数字资源7-2。

数字资源7-2

做一做

1. 查阅资料，对比分析豆类营养素，扫码领取表格并完成表格。见数字资源7-3。

2. 总结大豆在加工过程需要注意的原料问题及解决的途径，并以思维导图形式呈现。

数字资源7-3

流程2 了解豆类休闲食品生产加工技术

问一问

扫码领取表格，填写豆类加工常用的加工方法及相应的产品案例。见数字资源7-4。

数字资源7-4

学一学

1. 发酵技术

大豆及其制品通过发酵技术，可制得酱油、豆腐乳等食品，下面介绍三种不同类型的大豆制品发酵技术。

酱油发酵是利用曲霉、乳酸菌和酵母菌所分泌的蛋白酶、肽酶、淀粉酶、谷氨酰胺酶、果胶酶、纤维素酶、半纤维素酶等多种酶系的作用，使原料中的蛋白质和淀粉水解，并伴有乳酸发酵、酒精发酵等的过程。发酵过程不仅使酱油含有糖类、多肽、氨基酸、维生素等物质，营养丰富，而且还赋予其鲜味、香味和色泽。最后，经过淋油、杀菌、配制等工艺制成成品酱油。

豆酱是一种传统的发酵食品，主要由黄豆经过发酵而成。豆酱选用优质的黄豆，将其浸泡在水中，使其充分吸水膨胀，然后将黄豆磨碎或破碎。接着将破碎的黄豆摊晾在通风干燥的地方，以去除多余的水分。再将摊晾好的黄豆放入发酵容器中，加入适量的发酵菌（例如米曲、麦曲、红糟等），并搅拌均匀。将发酵好的豆酱转移到另一个发酵容器中，用压力压实，以排出空气并促进发酵。最后，将压实好的豆酱放置在通风的地方，进行二次发酵，此步骤一般需要持续数周到数月的时间。在此期间，定期搅拌和翻动豆酱，以保证均匀发酵。经过两次发酵后，豆酱香味会变得更加浓郁，可以进一步熟成。需要注意的是，豆酱的发酵过程需要控制好温度、湿度和时间等因素，以保证发酵的效果和品质。同时，使用优质的原料和合适的发酵菌也是关键。

纳豆是以大豆为原料，经微生物发酵，使原料中物质发生一系列的复杂生物化学反应后的产物。与大豆相比，纳豆营养更丰富，易于消化。纳豆有曲霉型和细菌型两种类型，以细菌型为最常见。日本传统的纳豆制作方法是利用稻草上附着的纳豆菌进行自然发酵而制成。这种方法制成的纳豆，除了含纳豆菌以外，还含有其他杂菌，不仅卫生不过关，而且质量也不好，现在一般采用接种发酵的方式制作。纳豆的一般生产工艺流程如下：大豆→清洗→浸泡→蒸煮→冷却→接种→发酵→调味→包装→成品纳豆。

2. 大豆挤压膨化技术

大豆组织蛋白又叫植物肉，原料是脱脂豆粕，主要成分是蛋白质和糖类，富含人体必需的多种氨基酸，含糖量低、消化率高，不含胆固醇，是较理想的完全蛋白质。

大豆组织蛋白是将脱脂大豆、70%蛋白大豆粉、分离大豆蛋白等与水、食品添加剂等混合，通过破碎、搅拌、加热和直接蒸汽强化预处理，再通过挤压膨化机进行混合、挤压、剪切、成型等物理处理，制成由纤维蛋白组成的近似肉类产品的食品。以此类产品为原料，添加适当的调味料，进一步可生产“素肉”“素肉松”等，作为肉的替代品，用途极其广泛。

3. 植物蛋白提取技术

利用有效的方法来破碎植物组织中的细胞并使其中的蛋白质溶出，再利用植物蛋白与其他杂质成分的差异使蛋白分离出来。常见的植物蛋白提取方法有碱溶酸沉法、酶提取法、乙醇提取法等。

（1）碱溶酸沉法　指在碱性环境中植物中的蛋白质被溶解在溶液里，又在等电点酸性环境下从溶液里析出而被提取出来。碱溶酸沉法由于其操作简单、成本低且提取效率高、纯度高等优点，所以被广泛应用于蛋白质的提取过程中。其缺点是在极碱性的环境中会使蛋白质发生美拉德反应，影响蛋白质的功能特性。

（2）酶提取法　用酶提取植物蛋白的优点有：提取效率高、条件温和、不会产生有毒物质，且操作相对简单，只比碱提法多一步“灭酶”步骤。其缺点有：成本较碱提法高、其保存和提取反应条件要求严格、过酸过碱及高温都会影响其活性。

（3）乙醇提取法　通过乙醇溶液在水浴中对原料大豆进行反复浸提，将浸提液进行溶剂回收，得到的即是浓缩蛋白产品。

（4）其他提取技术　包括双极膜法、泡沫分离法、膜分离法、离子交换法、微波辅助提取技术、超声波辅助技术、酶辅助技术等。

做一做

1. 查阅相关材料，试着阐述挤压膨化的原理。
2. 扫码领取表格，比较分析蛋白提取技术方法的优缺点。
见数字资源 7-5。

数字资源 7-5

流程 3　学习豆类休闲食品常用加工设备

问一问

请举例一款典型豆类休闲食品案例，说出其生产加工所需的设备。

学一学

1. 大豆磨浆机

大豆磨浆机用于生产线连续磨浆，通过打开分料斗将已浸泡好的大豆放出，再落到砂轮磨中进行磨碎制成磨糊。砂轮磨由上下两个磨片组成，上磨片为定磨片，下磨片为活动磨片。上磨片为沟状磨片，与边缘呈垂直角度，下磨片有四个柳叶形的沟槽。磨糊再通过浆渣泵、管道、离心泵自动进行一次、两次、三次分离，使生浆达到所需的浓度。

2. 千张结皮机

结皮是千张生产加工过程中的一道重要工序，千张结皮机主要包括结皮槽和加热装置两大部分。结皮槽为一长方形槽，豆浆液不断流入结皮槽并在其中缓慢流动。在此过程中，豆浆液中的蛋白质与空气中的氧结合，液面逐渐形成一层胶质膜，即为千张。由于结皮过程中温度的要求，需要在结皮系统中设计豆浆液加热装置，使豆浆液的温度保持在最佳结皮温度，以保证结皮质量。豆浆液加热采用蒸汽加热的形式，在结皮槽下面铺设蒸汽管道，在管道上均匀地打孔，蒸汽通过这些孔注入蒸汽加热室，给结皮槽中的豆浆液加热。蒸汽加热室下面多加一层石棉板，以减少热量流失。为了实现温度的自动控制，在豆浆液中放置温度传感器，采集温度信号，通过单片机自动调节蒸汽阀的通断，从而实现温度的自动控制。结皮系统的设计包括结皮槽尺寸的设计、蒸汽阀的选择、温度检测及控制装置的设计与实现。

做一做

1. 请举例两种需要大豆磨浆生产工艺的豆类休闲食品。
2. 比较分析千张结皮机与传统手工制作千张的优劣势。

项目二　豆类休闲食品的加工制作

任务一　制作卤豆干

实训目标

1. 应知卤豆干的制作工艺。
2. 应会卤豆干的加工制作。
3. 应会对卤豆干进行质量管理与控制。

实训流程

接收工单→配方设计→准备工作→实施操作→产品评价→总结评价。

扫码领取表格，见数字资源 7-6。

数字资源 7-6

流程 1　接收工单

序号：__________日期：__________项目：__________

品名	规格	数量	完成时间
卤豆干	_____g/包	_____包/人	4 学时
附记	根据实训条件和教学需求设计规格和数量		

流程 2　配方设计

1. 参考配方（以 5kg 豆干为基准）

A 料：豆干 5kg、水 7.5kg、精盐 0.45kg、豆瓣酱 100g、白砂糖 25g、糖色 50g、味精

50g、超鲜味精 10g、鸡肉香膏 20g、牛腩精膏 20g、防腐剂 5g、丙酸钙 25g、鸡油 50g。

B料：白胡椒 1.5g、八角 1.5g、桂皮 3g、小茴香 1.25g、肉蔻 1.5g、老姜 10g、丁香 1.5g。

C料：色拉油 100g、油溶性辣椒精 4g、花椒精油 4g、20 色价辣椒红色素 7.5g、超鲜味精 5g、麻辣香精 5g、辣椒 100g、芝麻 50g、肉香王 10g。

2. 配方设计表

通过对工单解读、查阅资料等，设计卤豆干的配方，并填写到下表中。

卤豆干配方设计表

序号	材料	用量	序号	材料	用量
1			6		
2			7		
3			8		
4			9		
5			10		

流程 3 准备工作

通过对工单解读，结合设计的产品配方需求，将卤豆干加工所需的设备和原辅料填入下面表格中。

卤豆干加工所需设备

序号	设备名称	规格	序号	设备名称	规格
1			6		
2			7		
3			8		
4			9		
5			10		

卤豆干加工所需原辅料

序号	原辅料名称	规格	序号	原辅料名称	规格
1			6		
2			7		
3			8		
4			9		
5			10		

流程 4 实施操作

1. 工艺流程

B料混合→加水煮制→加 A 料煮制 1h→烘烤→C 料调味→真空包装→杀菌→休闲卤豆干成品。

2. 操作要点

(1) 原料的选择　原料豆干必须新鲜，表面干爽，断面孔隙少，有鲜豆香味。

(2) 卤制　卤豆干基本滋味是通过卤制形成的。卤制时，B料放入锅中加水，85℃煮制120min，倒入A料，85℃煮制60min，其间上下搅动2次，捞出冷却。卤制完成时用烘箱烘干卤豆干表面的水分。卤制时的温度不能太高，因为卤汁的温度达到沸腾时，豆干会急剧受热，造成坯子中的水快速汽化，此时豆干中的游离水也会剧烈运动，在豆干表面某一薄弱点逸出，当这部分水蒸气逸出之后，豆干表面会塌陷而形成蜂窝眼。

(3) 烘干　将经过卤制的豆腐干放入烘箱中于60℃下干燥3.5h，或70℃干燥2h，或80℃干燥50min。

(4) 调味　调味可使卤豆干形成不同口味。

(5) 包装及杀菌　调味好卤豆干，聚乙烯薄膜抽真空包装，真空度500Pa，抽真空时间40s，封口时间7s。采用高温巴氏杀菌工艺：温度为95℃，时间为60min。未采用多数厂家所用的高温高压杀菌是因为高温蒸汽杀菌在杀灭微生物的同时也破坏了卤豆干的蛋白质结构，使卤豆干颜色加深，并且有二硫键形成，水分含量下降，质构变硬，风味损失大，导致豆制品感官品质下降。

数字资源7-7

流程5　产品评价

1. 产品质量标准

扫码领取表格，见数字资源7-7。

2. 参考相关标准，对卤豆干进行感官评价，并填写下表。

项目	感官评价
形态	
色泽	
风味	
杂质	
评价人员签字	

流程6　总结评价

1. 请扫码领取表格，并填写有关安全注意事项及防护措施等。

见数字资源7-8。

2. 请扫码领取表格，并填写相关内容，对本项目进行总结评价。

见数字资源7-9。

数字资源 7-8

数字资源 7-9

任务二 制作豆糕

实训目标

1. 应知豆糕的制作工艺。
2. 应会正确选择豆糕原料。
3. 应会制作豆糕。
4. 应会对豆糕进行质量管理与控制。

实训流程

接收工单→配方设计→准备工作→实施操作→产品评价→总结评价。

扫码领取表格，见数字资源 7-10。

数字资源 7-10

流程 1 接收工单

序号：__________日期：__________项目：__________

品名	规格	数量	完成时间
豆糕	______g/个	______个/组	4 学时
附记	根据实训条件和教学需求设计规格和数量		

流程 2 配方设计

1. 参考配方（以 4kg 绿豆为基准）

绿豆 4kg、白糖 1.2kg、色拉油 0.9kg。

2. 配方设计表

通过对工单解读、查阅资料等，设计豆糕的配方，并填写到下表中。

豆糕配方设计表

序号	材料	用量	序号	材料	用量
1			5		
2			6		
3			7		
4			8		

流程 3　原辅料与设备准备

通过对工单解读，结合所设计的产品配方，及查阅资料，将豆糕加工所需的设备和原辅料填入下表中。

豆糕加工所需设备

序号	设备名称	规格	序号	设备名称	规格
1			5		
2			6		
3			7		
4			8		

豆糕加工所需原辅料

序号	原辅料名称	规格	序号	原辅料名称	规格
1			5		
2			6		
3			7		
4			8		

流程 4　实施操作

1. 工艺流程

绿豆→清洗→去皮→蒸煮→成泥→翻炒→成团→成型→包装。

2. 操作要点

（1）清洗　绿豆用清水漂洗后放足量水浸泡 10h 以上，绿豆吸水至初始体积 2 倍大小张开口子即可。

（2）蒸煮和成泥　蒸锅里放上一块笼布，将控过水的绿豆仁放在上面，开锅后蒸 30min 即熟，蒸熟的绿豆仁晶莹剔透。加入配方中一半的糖和油，用机器研磨成泥。

（3）翻炒和成团　另取不粘炒锅，放入剩余的油，将绿豆泥放入，并放上剩余的糖，小火翻炒成团即可，炒好后摊开散热。

（4）成型　用手将炒好的绿豆泥揉搓可和成光滑有筋性的面团，分成大小合适的团子，使用磨具造型。

（5）成品　冰箱冷藏保存，绿豆属于易变质食物不可久放，尽快食用。

流程 5　产品评价

数字资源 7-11

1. 产品质量标准

扫码领取表格，见数字资源 7-11。

2. 参考相关标准，对绿豆糕进行感官评价，并填写下表。

项目	感官评价
形态	
色泽	
滋味和气味	
口感	
杂质	
评价人员签字	

流程 6　总结评价

数字资源 7-12

数字资源 7-13

1. 请扫码领取表格，并填写有关安全注意事项及防护措施等。见数字资源 7-12。

2. 请扫码领取表格，并填写相关内容，对本项目进行总结评价。见数字资源 7-13。

任务三　制作豆乳

实训目标

1. 应知豆乳的制作工艺。
2. 应会正确选择豆乳原料。
3. 应会豆乳的加工制作。
4. 应会对豆乳进行质量管理与控制。

实训流程

接收工单→配方设计→准备工作→实施操作→产品评价→总结评价。
扫码领取表格，见数字资源 7-14。

数字资源 7-14

流程 1 接收工单

序号：__________日期：__________项目：__________

品名	规格	数量	完成时间
豆乳	____mL/瓶	____瓶/人	4 学时
附记	根据实训条件和教学需求设计规格和数量		

流程 2 配方设计

1. 参考配方

干大豆∶水＝1∶14（质量比）、糖 6%（以豆奶质量计）奶粉 0.2%（以豆奶质量计）。

2. 配方设计表

通过对工单解读，查阅资料等设计豆乳的配方，并填写到下表中。

豆乳配方设计表

序号	材料	用量	序号	材料	用量
1			5		
2			6		
3			7		
4			8		

流程 3 准备工作

通过对工单解读，结合上述配方设计，查阅资料，将豆乳加工所需的设备和原辅料填入下表中。

豆乳加工所需设备

序号	设备名称	规格	序号	设备名称	规格
1			3		
2			4		

续表

序号	设备名称	规格	序号	设备名称	规格
5			7		
6			8		

豆乳加工所需原辅料

序号	原辅料名称	规格	序号	原辅料名称	规格
1			5		
2			6		
3			7		
4			8		

流程 4 实施操作

1. 工艺流程

大豆→清洗→浸泡→去皮→80℃热水下磨浆→加热调配→过滤→均质→装瓶密封→杀菌→成品。

2. 操作要点

(1) 原料筛选　去除黄豆原料可能掺杂的泥沙、豆叶、秸秆及霉豆等。

(2) 原料浸泡　将筛选后的黄豆倒入水槽中，注意不能太满，因为黄豆在浸泡时体积会发生1.5～2倍的膨胀。浸泡时，水量大约是原料量的5倍。浸泡过程中要对水温进行适当的控制：适时搅拌、换水2～3次。黄豆浸泡大概时间：夏季浸泡4～5h，春、秋季浸泡8～10h，冬季浸泡12h左右，可以根据工艺流程使用温水来控制浸泡时间。浸泡要求：内膛饱满、略有凹形，内膛有小部分色泽较深为宜。

(3) 去皮　是豆乳生产中的一个重要工序，去皮程度为80%～90%，要尽可能脱去胚轴和种皮，可降低豆乳的苦涩味。

(4) 磨浆　将浸泡好的黄豆捞出倒入磨浆器中，注意磨浆器要均匀地加入适量的80℃热水。

(5) 调配　豆乳质量为原料干豆的15倍，加热至85℃，并加入6%糖和0.2%奶粉(以豆乳质量计)。

(6) 滤布过滤　200目纱布过滤。

(7) 均质　15～20MPa，将调配后的豆浆进行均质，去除部分不希望的物质。

(8) 装瓶密封。

(9) 杀菌　120℃，1min。

(10) 成品　冷却至室温即为成品。

数字资源 7-15

流程 5 产品评价

1. 产品质量标准

扫码领取表格，见数字资源7-15。

2. 参考相关标准，对豆乳进行产品质量评价，并填写下表。

外观	色泽	口感	pH 值	糖度(固形物含量)	稳定性
新鲜					
一周后					

流程 6　总结评价

1. 请扫码领取表格，并填写有关安全注意事项及防护措施等。

见数字资源 7-16。

2. 请扫码领取表格，并填写相关内容，对本项目进行总结评价。

见数字资源 7-17。

数字资源 7-16

数字资源 7-17

任务四　探索制作创意豆类休闲食品（拓展模块）

实训目标

1. 应知豆类休闲食品的研发流程。
2. 应能激发自我的创新意识。
3. 应能培养塑造自我的创新思维。
4. 应有产品开发和独立创新的能力。
5. 应会研制新豆类休闲食品。

实训流程

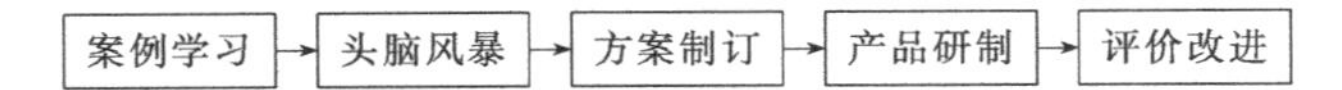

流程 1　创意豆类休闲食品案例学习

以小组为单位，自主检索、调研学习创意豆类休闲食品，包括市场上的创意产品、相关比赛的创意产品、自主研发的创意产品等，至少列举 2 个案例，并汇报说明创意。

流程 2　小组进行豆类休闲食品创意设计的头脑风暴

以小组为单位，对豆类休闲食品的创意设计进行头脑风暴、讨论分析，形成一个可行的创意产品，小组选择一人做简要的汇报。

流程 3　创意豆类休闲食品的产品方案制订

扫码领取方案制订模板并填写，制订方案。
见数字资源 7-18。

数字资源 7-18

流程 4　创意豆类休闲食品的研发制作

完成创意豆类休闲食品的研发设计与制作。

流程 5　创意豆类休闲食品的评价改进

数字资源 7-19

以小组为单位提交创意豆类休闲食品的制作视频、产品展示说明卡、产品实物，按照评分表进行综合性评价，具体包括自评、小组评价、教师评价，提出产品的改进方向或措施。

扫码领取表格，见数字资源 7-19。

项目三　模块作业与测试

一、实训报告

项目名称：______________　　　　日期：____年__月__日

<table>
<tr><th>原辅料</th><th>质量/g</th><th>制作工艺流程</th></tr>
<tr><td></td><td></td><td rowspan="16"></td></tr>
<tr><td></td><td></td></tr>
<tr><td></td><td></td></tr>
<tr><td></td><td></td></tr>
<tr><td></td><td></td></tr>
<tr><td></td><td></td></tr>
<tr><td></td><td></td></tr>
<tr><td></td><td></td></tr>
<tr><td colspan="2">仪器设备</td></tr>
<tr><td>名称</td><td>数量</td></tr>
<tr><td></td><td></td></tr>
<tr><td></td><td></td></tr>
<tr><td></td><td></td></tr>
<tr><td></td><td></td></tr>
<tr><td></td><td></td></tr>
<tr><td></td><td></td></tr>
</table>

续表

过程展示(实操过程图及说明等)	
样品品评记录	
样品概述	
样品评价	
品评人: 日期:	
总结(总结不足并提出纠正措施、注意事项、实训心得等)	
反馈意见:	
纠正措施:	
注意事项:	

二、模块测试

扫码领取试题，见数字资源 7-20。

数字资源 7-20

拓展阅读

植物蛋白和动物蛋白的探讨

“蛋白质”一词我们听的多了，但你知道这里面的具体含义吗？蛋白质是组成人体一切细胞、组织的重要成分，由氨基酸（amino acid）组成，占人体重量的16%～20%，即一个60kg重的成年人其体内约有蛋白质9.6～12kg。人体内蛋白质的种类很多，但都是由20多种氨基酸按不同比例组合而成的，并在体内不断进行代谢与更新。人类食源性蛋白主要为动物蛋白和植物蛋白。动物蛋白富含人体必需氨基酸，营养价值高，但有研究表明，动物蛋白摄入多的人群，血脂异常和冠心病的发病率比摄入植物蛋白的人群明显增高。豆类及豆制品等植物蛋白生物利用度低，营养价值也相对低一些。建议合理的蛋白质摄入组合，如进食蛋白质中2/3为植物蛋白，1/3为动物蛋白。动物蛋白中，又以牛奶、鱼、鸡蛋清、瘦肉等为主。

“双蛋白”这个概念是在2006年5月第二届中国大豆食品产业圆桌峰会发布的上海宣言中首次提出的，强调将大豆蛋白与牛奶蛋白相结合，开发新产品，满足全面营养补充蛋白质的健康需求。国家卫生健康委员会提出进一步宣传推广双蛋白食物和营养健康知识，提升居民营养健康素养水平。双蛋白营养食物传承“医食同源，药食同源，寓医于药，寓药于食”和“平衡膳食、辨证用膳”的中华饮食文化精髓，是融合现代科技、精准互作营养、加快人体细胞损伤修复、调控消化与吸收代谢以及增强细胞天然免疫的功能营养食物，对确保人类健康具有重要的支撑作用。在全民中推广优质双蛋白（大豆蛋白+牛奶蛋白）新型营养健康食品，宣传平衡膳食和合理营养新理念，解决影响国民健康的双重营养问题，从而走出一条具有中国特色的强壮民族的营养健康新路子。

参考文献

[1] 艾启俊，陈辉．食品原料安全控制［M］．北京：中国轻工业出版社，2006.

[2] 杨叶波，蔡培培，何文森．大豆蛋白质的提取技术的研究进展［J］．广州化工，2015，43（9）：26-27.

[3] 中华人民共和国中央人民政府网．国民营养计划（2017—2030年）．［EB/OL］．（2017-07-13）［2023-5-12］．Https：//www.gov.cn/zhengce/content/2017-07/13/content_5210134.htm.

坚果与籽类休闲食品加工技术

【课程思政】 每日坚果，健康有我

课前问一问

1. 你经常吃的坚果与籽类食品有哪些？选择时会考虑哪些因素？

2. 坚果与籽类食品里含有哪些营养物质？

健康是幸福的基础，而营养是健康的基石。人民健康是民族昌盛和国家富强的重要标志。党的二十大报告明确推进健康中国建设，把保障人民健康放在优先发展的战略位置，“合理膳食”则是作为推动健康中国的重要行动，这是新时代满足人民日益增长美好生活需要的重要举措。而坚果是公认的健康食品，营养物质丰富，含有对健康有益的酚类、功能性油脂类，以及其他活性成分等营养素。

《中国居民膳食指南（2022）》推荐大豆及坚果食品的每日摄入量在25～35g，其中坚果推荐平均每周摄入量50～70g（平均每天10g左右），坚果属于高能量食物，但含有较高水平的不饱和脂肪酸、维生素E等营养素，适量摄入有益健康。研究表明，适量食用坚果可以降低患心血管疾病的风险，可以促进大脑神经元的生长和分化，增强记忆力和认知能力，可以降低患某些癌症的风险。

我国食用坚果与籽类食品历史悠久，现有记载最早出现在商周时期，现已成为全球第二大坚果生产国，在全国范围内形成了具有鲜明特色的坚果产业群，如新疆的杏仁、巴旦木、核桃，黑龙江的红松子、榛子、山核桃，吉林的松子，浙江的山核桃，安徽的葵花籽等，为坚果与籽类产品提供优质原材料的同时，还带动了区域特色产业发展，形成品牌效应。

近年来，我国经济发展迅速，国民生活水平提高，人们的健康意识也不断提高，高品质的坚果与籽类食品行业发展迅速，尤其是在互联网经济加持下市场迅猛扩容，在创新迭代中涌现了许多消费者喜爱的品牌。但是目前坚果与籽类加工仍然停留在较初级阶段。未来的坚果与籽类加工技术发展趋势以绿色和健康为主导，不断推进加工技术的发展，进一步提高坚果加工自动化水平，加强坚果加工产品的研发和创新，以更好满足消费者的需求，而产业的发展需要更多高端专业人才加入，作为学生应勇担重责，学好知识，练好技能，为开创坚果与籽类食品产业新局面贡献力量。

课后做一做

1. 任选一种你喜爱的坚果与籽类食品，设计制作其营养科普海报。
2. 立足专业，为坚果与籽类产品的研发和创新提出至少 2 条建议。

项目一　坚果与籽类休闲食品生产基础知识

任务一　了解坚果与籽类休闲食品前沿动态

学习目标

1. 应知坚果与籽类休闲食品的市场动态。
2. 应具备开展坚果与籽类休闲食品调研的能力。
3. 应具备团队合作、协调沟通的能力。

任务流程

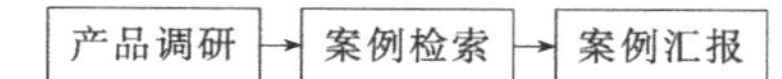

流程 1　调研坚果与籽类休闲食品的相关信息

通过以下途径调研查阅相关信息，记录并整理结果。
1. 联系生活，说说你日常认识的坚果与籽类休闲食品有哪些。
2. 网络检索，查查市场上坚果与籽类休闲食品品牌有哪些以及有哪些销售途径。
3. 市场调研，看看坚果与籽类休闲食品包含哪些产品。

流程 2　搜索坚果与籽类休闲食品的创新案例

在网络和图书资源中查找坚果与籽类休闲食品的创新产品案例，写下拟订作为汇报材料的案例名称，并谈谈该案例对坚果与籽类休闲食品研发的借鉴意义。

扫码领取表格，见数字资源 8-1。

流程 3　制作并汇报坚果与籽类休闲食品的创新案例

数字资源 8-1

分组讨论坚果与籽类休闲食品的创新案例，按“是什么、创新点、怎么看、如何做”整理撰写形成 PPT 或海报或演讲稿，安排专人汇报，听取同学们建议后进行改进，并提交作业。

案例名称	
创新点	
怎么看待产品的创新点	
该类产品你会如何设计	

任务二　学习坚果与籽类休闲食品生产基础知识

学习目标

1. 应知坚果与籽类休闲食品原料加工特性。
2. 应知坚果与籽类休闲食品常用的加工方法和加工设备。
3. 应会正确选择坚果与籽类休闲食品的生产技术。

任务流程

认识坚果与籽类原料 → 了解坚果与籽类休闲食品生产加工技术 → 学习坚果与籽类休闲食品常用加工设备

流程 1　认识坚果与籽类原料

问一问

坚果与籽类的定义是什么以及有哪些分类？

学一学

坚果与籽类的定义、种类及营养价值

一、坚果与籽类定义及分类

坚果是具有坚硬外壳的木本类植物种子的籽粒，其种类繁多，包括核桃、板栗、杏核、扁桃核（巴旦木）、山核桃（含碧根果）、开心果、香榧、夏威夷果、松子、榛子等。籽类是瓜、果、蔬菜、油料等植物的籽粒，包括葵花籽、西瓜籽、南瓜籽、花生、蚕豆、豌豆、大豆等。坚果与籽类休闲食品是以各种坚果、籽类为原材料，经过烘焙、干制、炒制等加工处理而成，具有独特的风味和口感体验，既是一种独立的零食，也是酸奶、糖果、烘焙产品等常见的配料。根据是否带壳分为带壳类坚果与籽类食品（带壳类）、去壳类坚果与籽类食品（去壳类）两类；另外，根据不同的加工方式分为烘炒坚果与籽类食品（烘炒类）、油炸坚果与籽类食品（油炸类）和其他坚果与籽类食品（其他类）。

（1）烘炒类　以坚果、籽类或其果仁为主要原料，添加或不添加辅料，经炒制或烘烤（包括蒸煮后烘炒）熟制而成的食品。

（2）油炸类　以坚果、籽类或其果仁为主要原料，添加或不添加辅料，经油炸熟制而成的食品。

（3）其他类　以坚果、籽类或其果仁为主要原料，添加或不添加辅料，经水煮或其他加工工艺制成的食品，如即食生干坚果与籽类食品（即食生干类）、混合坚果与籽类食品（混合类）等。

二、坚果与籽类的营养价值

坚果与籽类是公认的健康食品，富含多种营养素和生物活性物质，包括脂肪、蛋白质、膳食纤维、维生素（维生素 E、烟酸、叶酸等）、矿物质（镁、钾、钙、磷等）、类胡萝卜素、植物甾醇和抗氧化酚类物质。

1. 脂肪

坚果与籽类的脂肪含量丰富，占 30%～78%，是人体必需脂肪酸的良好来源。按照脂肪含量不同，坚果与籽类可分为油脂类和淀粉类。坚果与籽类含有的脂肪酸绝大部分是不饱和脂肪酸，如单不饱和脂肪酸中的油酸，多不饱和脂肪酸中的亚油酸、亚麻酸等。油酸和亚油酸能有效降低人体血清中总胆固醇和低密度脂蛋白胆固醇的含量，预防粥状动脉等心血管疾病。

2. 蛋白质

坚果与籽类的蛋白质含量丰富，是良好的植物蛋白来源，如葵花仁、花生仁、榛子仁、杏仁、开心果等蛋白质含量为 18%～35%，而且构成蛋白质的氨基酸种类齐全，构成合理。有些坚果富含必需氨基酸，例如，开心果的赖氨酸含量高，可以调节人体的代谢平衡，为肉碱的合成提供结构成分。籽类中尤其是葵花籽，含有蛋氨酸和胱氨酸，能保持蛋白质结构。

3. 糖类

淀粉类坚果与籽类富含糖类，为 40%～70%。油脂类坚果与籽类的糖类相比之下含量较少，为 11.7%～30.2%。

4. 维生素

坚果与籽类中含有丰富的 B 族维生素。开心果中维生素 B_1 的含量最高；杏仁中维生素 B_2 的含量最高，相当于其他坚果中维生素 B_2 含量的 3 倍。坚果与籽类亦是抗氧化维生素 E 的良好来源。维生素 E 也称生育酚，是人体必需的植物源脂溶性维生素。

5. 矿物质

坚果与籽类富含矿物质，如钙、磷、铁等，对强化血管与神经、增强免疫力起到一定作用。与大多数植物性食物一样，坚果与籽类中的钠含量较低，是典型的高钾低钠食品。

做一做

1. 请查阅资料，自选5种坚果或籽类，对比分析其营养价值，并填写表格。扫码领取表格，见数字资源8-2。

数字资源 8-2

2. 查阅资料，尝试总结坚果与籽类休闲食品在加工过程需要注意的原料问题，以思维导图的形式呈现。

流程 2　了解坚果与籽类休闲食品生产加工技术

问一问

坚果与籽类食品加工常用哪些生产技术?

学一学

坚果与籽类加工流程包括原料预处理（拣选、清洗、分级、去壳）、熟化（烘烤或烘炒或蒸煮或煮制或油炸）、调味、包装等工序。常见的坚果与籽类熟化加工技术有炒制、煮制、油炸等。

一、脱壳技术

坚果与籽类普遍具有坚硬外壳，在进行深度加工过程中，脱壳是关键工序。坚果与籽类的外壳主要是由纤维素和半纤维素组成，壳仁间隙小，难以剥离。坚果与籽类品种繁杂，尺寸差异较大，形状不规则，剥壳的同时要求不破坏果仁品质。

脱壳方法有撞击法脱壳、碾搓法脱壳、剪切法脱壳、挤压法脱壳、微波法脱壳、高压膨胀法脱壳、高压真空法脱壳及超声波法脱壳等。

二、熟化技术

1. 烘炒加工技术

利用人工或机械干炒，可降低坚果与籽类的含水量，产生出较脆的质感，同时有助于延长产品的保质期。坚果与籽类或其果仁经高温炒制后，由生变熟，蛋白质变性或淀粉糊化，更加有利于人体的消化吸收。同时炒制处理也是增强食品香味的一种做法。坚果与籽类食品的原料大都含有丰富的含氮有机物和还原糖类，这两大类物质在高温炒制过程中很容易发生美拉德反应，从而生成大量挥发性的风味物质，赋予制品浓郁的香味。虽然炒制程度愈强，所产生的香味愈浓，但过分炒制则会造成炒焦现象，产生焦煳味。控制适当的温度才能获得理想的风味。

一般在使用干炒方法制作坚果与籽类时，需要用砂粒拌炒，目的是让坚果与籽类或其果仁在炒制时受热均匀，不至于局部被炒焦。砂粒大小一般以直径 2～3mm 为佳。

2. 煮制加工技术

采用传统的炒制方法时，经常要将坚果与籽类和砂子混合在一起，炒熟后如果砂子去除不尽，容易给人们的身体健康带来危害；另外，如果炒制时加热不均匀，就无法充分杀菌，炒制产品在后续贮运过程中容易滋生微生物，导致微生物超标，危害健康。而煮制的方法一般是将原料和调料一起放入锅中烧煮一定时间，充分加热，杀菌效果也比较好；另外煮制后一般还会对产品进行烘干处理，整个过程加热较彻底。

3. 油炸加工技术

油炸是食品熟制和干制的一种加工方法，即将食品置于较高温度的油脂中，使其加热快速熟化的过程，油炸可以杀灭食品中的微生物，延长食品保质期，同时改善食品风味，提高食品营养价值，赋予食品特有的金黄色泽。经过油炸加工的坚果与籽类制品具有香酥脆嫩和色泽美观的特点。

三、调味技术

坚果与籽类调味的方式主要有三种。第一种是将调味料和原料一起入锅煮制，制品的成熟与入味同时进行。这种入味方式在煮制过程中香味随蒸汽挥发很大，蒸煮入味后的原料还要进行长时间的高温烘烤和二次复烤，这又使一部分香味随之挥发，因此成品只能保留一部分香味。第二种是先将调味料放入容器中，加水调制成溶液，待原料炒熟或通过其他方法熟制后，趁热加入调味料液，迅速拌匀，再通过小火焙干或晾干。这两种都属于被动入味方式，效果较差。第三种是采用负压快速入味技术，该技术解决了坚果与籽类入味难和高温煮制香味易挥发的难题。其主要流程是负压快速入味，脱水烘干，急火快炒。设备主要由真空系统、控制系统和调味料配制系统等组成。这种工艺可大幅缩短加工时间，降低生产成本，提高坚果风味。

做一做

1. 影响坚果与籽类风味的因素有哪些？
2. 对比坚果与籽类不同的脱壳技术，分析优劣势。

扫码领取表格，见数字资源 8-3。

数字资源 8-3

流程 3　学习坚果与籽类休闲食品常用加工设备

问一问

1. 坚果与籽类休闲食品加工前处理步骤有哪些？
2. 前处理过程中需要使用哪些设备？

学一学

坚果与籽类休闲食品生产中要经过原料预处理（拣选、清洗、分级、去壳）、熟化（烘烤或烘炒或蒸煮或煮制或油炸）、调味、包装等工序，在其加工流水线上需要配置相应的设备。

一、分级设备

坚果与籽类加工分级常见的色选机是根据物料光学特性的差异，利用光电探测技术将颗粒物料中的异色颗粒自动分拣出来的设备，对分选难度大的各种坚果与籽类及各种特种物料分选效果都十分显著，能精准剔除坚果与籽类中含有的壳、秆、碎石子等杂质及霉变果、坏果、虫眼果等。

二、清洗设备

坚果与籽类休闲食品原料由于受土壤、尘埃、微生物及运输、贮藏过程中的污染，必须在加工前清洗干净，并清除杂物和腐烂变质部分。原料清洗机械设备即用物理（机械力）和化学（水、清洗剂）原理将污染物与原料分离的设备。常见的有鼓风式清洗机、滚筒式清洗机。

三、脱壳设备

坚果与籽类品种众多，要根据不同品种的特点选择合适的脱壳设备。任何脱壳机都是以一种脱壳方法为主，结合多种脱壳原理而制造的综合型机械设备。常见的坚果与籽类脱壳设备有圆盘剥壳机、立式离心剥壳机。

圆盘剥壳机用于籽类原料脱壳。除此之外，它还能用来碎裂各类油料和粉碎饼块。该剥壳机具有结构简单、使用方便、一次性脱壳效率高等优点。圆盘脱壳机的主要部件是磨盘和调节器。调节器的作用是根据工作标准调节磨片距离。当材料进入料斗时，进料量由调节板控制。籽类原料通过管道进入磨盘，并通过用固定盘摩擦高速旋转转盘来脱壳或粉碎。

立式离心剥壳机主要用于剥离仁类水果和坚果的壳。其工作原理主要基于离心力和摩擦力。在高速旋转的离心力的作用下，果实在立式离心剥壳机内部产生剧烈的摩擦，使果壳与果仁分离。立式离心剥壳机的优点包括：①高效化，可以快速地剥离大量果实；②自动化，可以连续作业，减轻了人力负担；③可靠性，对果实的损伤较小，提高了剥壳效率和质量；④卫生性，机器内部的结构和材料有利于保持清洁和卫生。

立式离心剥壳机的使用方法一般包括以下步骤：将待剥壳的果实放入进料斗，启动机器后，果实将在离心力的作用下被甩向机壳的内壁。与此同时，摩擦力将作用于果实，使果壳和果仁分离。最后在出口处，分离后的果仁和果壳被分别收集。

四、烘烤设备

1. 滚筒烘烤机

该设备采用回转滚筒，利用特有的高品质红外线催化燃烧器，实现天然气、石油液化气的无焰催化燃烧，并设有自动控温装置；在烘烤过程中被烘烤物在筒内由推进装置不断推进，形成不间断循环，使之受热均匀，有效地保证了烘烤质量。

2. 烘烤冷却一体机

烘烤冷却一体机由机架、传送网带、加热装置和热循环装置构成。设备的前段上料斗有控制物料层厚度的闸板。根据不同的原料透气特性选择合适的料层厚度可以有效地保证热风的均匀穿透。传送网带的传动滚筒通过电磁调速电机带动，运行速度可以大范围地调节，对于物料的烘烤熟度控制主要是通过该运行速度来调节的。加热装置和热循环装置使得烘箱内产生均匀的循环热风。热风从网带的下部向上穿透物料然后再经过加热元件补充热能。温控仪可以实现自动控温。物料厚度、传送网带的运行速度和设定的烘烤温度匹配合适后就能够有效地保证物料的均匀烘干。

五、调味设备

坚果与籽类加工常见的调味设备为滚筒式食品调味机，该设备具有倾角式调味滚筒，全自动控制转速和物料的容量，适用于流水线连续性调味作业。配备震动撒粉装置，使调料均匀地撒在物料上面。滚筒式食品调味机在工作时物料落入滚筒内，被搅拌叶带动向上运动，由上方落下，与调味粉混合；而喷洒调味设备，则是在坚果与籽类炒制过程中，使用喷液体装置向物料喷洒液体调味品，可通过控制装置调整喷洒液体的时间和频率。

六、包装设备

坚果与籽类包装的主要目的是降低氧气含量、抑制细菌、延长保质期。坚果与籽类休闲食品常用的包装设备有真空包装机、气调包装机等。

真空包装也称减压包装，是将包装容器内的空气全部抽出密封，维持袋内处于高度减压状态，空气稀少相当于低氧效果，可以有效防止坚果与籽类原料中的脂类物质发生氧化，同时使微生物没有生存条件，以达到食品新鲜、无病腐发生的目的。

气调包装是一种新型的食品保鲜包装技术，它采用抽真空后填充保护性混合气体来达到食品保鲜的效果。其原理是采用混合气体，对包装袋内或包装盒内的空气进行置换，改变包装物内食品接触的外部环境，达到抑制细菌和微生物的生长繁殖、降低新陈代谢速度的目的，从而延长食品保质期。

 **做一做**

1. 坚果与籽类加工时调味方法有哪些？请比较其优缺点并用思维导图呈现。
2. 如何改善工艺让坚果与籽类烘炒时受热更加均匀？

项目二 坚果与籽类休闲食品的加工制作

任务一 制作炒制坚果

实训目标

1. 应知椒盐花生的制作工艺流程。
2. 应会对椒盐花生的原辅料进行合理的前处理。
3. 应会椒盐花生的制作。
4. 应会对椒盐花生的制作进行质量管理与控制。

实训流程

接收工单→配方设计→准备工作→实施操作→产品评价→总结评价。

扫码领取表格见数字资源 8-4。

数字资源 8-4

流程 1 接收工单

序号：__________日期：__________项目：__________

品名	规格	数量	完成时间
椒盐花生	____g/份	____份	4 学时
附记	根据实训条件和教学需求设计规格数量		

流程 2 配方设计

1. 参考配方

花生米 10kg、精盐 300g、花椒 50g、茴香 20g、桂皮 30g。

2. 配方设计表

各实训小组设计椒盐花生的配方，将配方填入下表。

椒盐花生配方设计表格

序号	材料	用量	序号	材料	用量
1			2		

续表

序号	材料	用量	序号	材料	用量
3			6		
4			7		
5			8		

流程 3 准备工作

通过对工单解读，将椒盐花生加工所需的设备和原辅料填入下列表格中。

椒盐花生加工所需设备

序号	设备名称	规格	序号	设备名称	规格
1			5		
2			6		
3			7		
4			8		

椒盐花生加工所需原辅料

序号	原辅料名称	规格	序号	原辅料名称	规格
1			5		
2			6		
3			7		
4			8		

流程 4 实施操作

1. 工艺流程

原料前处理→辅料准备→炒制。

2. 操作要点

（1）原料前处理　将花生米过筛分级，剔除破碎、霉烂、发芽的颗粒。然后放入 70～80℃热水中浸泡 1min，边泡边拌，泡后捞起。

（2）辅料准备　将精盐、花椒、茴香、桂皮熬煮成汤，倒入花生米内，静置 4h 左右，使之渗入花生米内，浸泡后将花生米捞起备用。

（3）炒制　将白砂入锅，炒至 50～60℃时放入花生米，用旺火翻炒，当发出“噼啪”声时，再用小火炒 6min，即可出锅。

流程 5 产品评价

1. 产品质量标准

扫码领取表格，见数字资源 8-5。

数字资源 8-5

2. 产品感官评价

参照产品质量标准，对制作的椒盐花生进行感官评价。

项目	感官评价
色泽	
颗粒形态	
滋味和气味	
杂质	
评价人员签字	

流程 6　总结评价

1. 请扫码领取表格，并填写有关安全注意事项及防护措施等。

见数字资源 8-6。

2. 请扫码领取表格，并填写相关内容，对本项目进行总结评价。

见数字资源 8-7。

数字资源 8-6

数字资源 8-7

任务二　制作油炸坚果

实训目标

1. 应知琥珀核桃仁的制作工艺流程。
2. 应会对核桃进行合理的前处理。
3. 应会对琥珀核桃仁的制作进行质量管理与控制。

实训流程

接收工单→配方设计→准备工作→实施操作→产品评价→总结评价。

扫码领取表格，见数字资源 8-8。

数字资源 8-8

流程1 接收工单

序号：__________日期：__________项目：__________

品名	规格	数量	完成时间
琥珀核桃仁	______g/份	______份/组	4学时
附记	根据实训条件和教学需求设计技术规格和数量		

流程2 配方设计

1. 参考配方

核桃仁10kg、白砂糖6kg、液体葡萄糖6kg、蜂蜜0.25kg、柠檬酸4g、水2.5kg、食用油适量。

2. 配方设计表

实训小组查阅资料，自行设计产品配方，将配方填入下列表。

琥珀核桃仁配方设计表格

序号	材料	用量	序号	材料	用量
1			5		
2			6		
3			7		
4			8		

流程3 准备工作

通过对工单解读，将琥珀核桃仁加工所需的设备和原辅料填入下列表格。

琥珀核桃仁所需设备

序号	设备名称	规格	序号	设备名称	规格
1			5		
2			6		
3			7		
4			8		

琥珀核桃仁所需原辅料

序号	原辅料名称	规格	序号	原辅料名称	规格
1			5		
2			6		
3			7		
4			8		

流程 4 实施操作

1. 工艺流程

去皮→上糖→炸制→甩油→包装→成品。

2. 操作要点

(1) 上糖 将白砂糖、液体葡萄糖、蜂蜜、柠檬酸和水放入锅里加热，待糖全部溶解后，将核桃仁放入，沸腾后改用文火煮制 10～15min，煮至糖液浓度达到 75%以上，出锅并冷却到 30℃。

(2) 油炸 油温 140～150℃，时间 1～2min，呈琥珀黄色出锅，立即风冷冷却。

(3) 甩油 离心机甩油 2～3min。

(4) 包装 甩油后，立即冷却处理，除去破碎、焦烂品，后抽真空包装。

数字资源 8-9

流程 5 产品评价

1. 产品质量标准

扫码领取表格，见数字资源 8-9。

2. 产品感官评价

参照产品质量标准，对制作的琥珀核桃仁进行感官评价。

项目	感官评价
色泽	
颗粒形态	
滋味和气味	
杂质	
评价人员签字	

流程 6 总结评价

数字资源 8-10

1. 请扫码领取表格，并填写有关安全注意事项及防护措施等。见数字资源 8-10。

2. 请扫码领取表格，并填写相关内容，对本项目进行总结评价。见数字资源 8-11。

数字资源 8-11

任务三　制作混合坚果

实训目标

1. 应知混合坚果的制作工艺流程。
2. 应会对混合坚果的原料进行合理的前处理。
3. 应会对混合坚果的生产进行质量管理与控制。

实训流程

接收工单→配方设计→准备工作→实施操作→产品评价→总结评价。

扫码领取表格，见数字资源 8-12。

数字资源 8-12

流程 1　接收工单

序号：__________日期：__________项目：__________

品名	规格	数量	完成时间
混合坚果、干果	_____g/包	_____包/组	4 学时
附记	根据实训条件和教学需求设计规格和数量		

流程 2　配方设计

1. 参考配方

每包核桃仁 10g、扁桃仁 6g、腰果仁 4g、榛子仁 2g、蓝莓干 2g、蔓越莓干 3g。

2. 配方设计表

小包装混合坚果干果配方设计表

序号	材料	用量	序号	材料	用量
1			6		
2			7		
3			8		
4			9		
5			10		

流程3 准备工作

通过对工单解读，将小包装混合坚果干果加工所需的设备和原辅料填入下列表格。

小包装混合坚果干果加工所需设备

序号	设备名称	规格	序号	设备名称	规格
1			6		
2			7		
3			8		
4			9		
5			10		

小包装混合坚果干果所需原辅料

序号	原辅料名称	规格	序号	原辅料名称	规格
1			6		
2			7		
3			8		
4			9		
5			10		

流程4 实施操作

1. 工艺流程

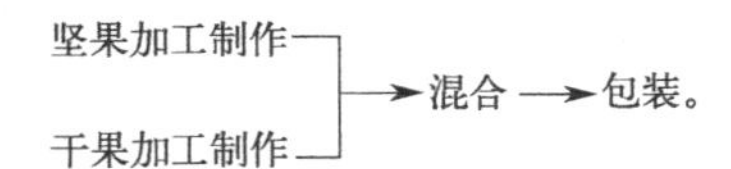

2. 操作要点

(1) 坚果加工制作

坚果原料选择→烘烤（120～130℃）→冷却→杀菌→分级包装。

① 坚果原料选择　核桃仁、腰果仁、扁桃仁、榛子仁等选择新鲜、无破损的原料，带壳原料（核桃、榛子）脱壳后经初选去除杂质并分选。

② 烘烤　至烤箱中（120～130℃）烘烤 20 min 使原料断生。

③ 冷却　烘烤结束后产品经鼓风冷却并挑选去除小颗粒等残次品。

④ 杀菌　进行微波杀菌。

⑤ 分装　分装量和标准要求在洁净环境中分装。

(2) 干果加工制作

原料处理→浸泡→烘干→灭菌→烘干。

① 原料处理　将蓝莓鲜果（蔓越莓切片）原料进行清洗、杀菌、去杂和筛选分级。

② 浸泡　将蓝莓鲜果（蔓越莓切片）浸泡于浓度为 45%～55%的脱酸脱色浓缩苹果清汁和浓度为 4%～6%的海藻糖溶液混合液中，50～60℃保温浸泡 6～12 h。

③ 烘干　将经处理过的蓝莓果（蔓越莓切片）捞出晾干，于 50～60℃条件下烘干。

④ 杀菌　当蓝莓果（蔓越莓切片）外皮产生均匀皱缩时进行微波灭菌。

⑤ 烘干　将微波灭菌后的蓝莓果（蔓越莓切片）进行烘干，烘干温度为 50～60℃。

（3）包装

根据配方将定量核桃仁、腰果仁、扁桃仁、榛子仁、蓝莓、蔓越莓装入小包装中，即得成品。

数字资源 8-13

流程 5　产品评价

1. 产品质量标准

扫码领取表格，见数字资源 8-13。

2. 产品感官评价

参照产品质量标准，对制作的小包装混合坚果进行感官评价。

项目	感官评价
色泽	
颗粒形态	
滋味和气味	
杂质	
评价人员签字	

流程 6　总结评价

1. 请扫码领取表格，并填写有关安全注意事项及防护措施等。

见数字资源 8-14。

2. 请扫码领取表格，并填写相关内容，对本项目进行总结评价。

见数字资源 8-15。

数字资源 8-14

数字资源 8-15

任务四　探索制作创意坚果与籽类休闲食品（拓展模块）

实训目标

1. 应知坚果与籽类休闲食品的研发流程。
2. 应能激发自我的创新意识。
3. 应能培养塑造自我的创新思维。

4. 应有产品开发和独立创新的能力。
5. 应会研制创新类坚果与籽类休闲食品。

实训流程

案例学习 → 头脑风暴 → 方案制订 → 产品研制 → 评价改进

流程 1　创意坚果与籽类休闲食品案例学习

以小组为单位，自主检索、调研创意坚果与籽类休闲食品，包括市场上的创意产品、相关比赛的创意产品、自主研发的创意产品等，至少列举 2 个案例，并汇报说明创意。

流程 2　小组进行坚果与籽类休闲食品创意设计的头脑风暴

以小组为单位，对坚果与籽类休闲食品的创意设计进行头脑风暴、讨论分析，形成一个可行的创意产品，小组选择一人做简要的汇报。

流程 3　创意坚果与籽类休闲食品的产品方案制订

扫码领取方案制订模板并填写，制订方案。

见数字资源 8-16。

数字资源 8-16

流程 4　创意坚果与籽类休闲食品的研制

完成创意坚果与籽类休闲食品的研发设计与制作。

流程 5　创意坚果与籽类休闲食品的评价改进

以小组为单位提交创意坚果与籽类休闲食品的制作视频、产品展示说明卡、产品实物，按照评分表进行综合性评价，具体包括自评、小组评价、教师评价，提出产品的改进方向或措施。

扫码领取表格，见数字资源 8-17。

数字资源 8-17

项目三　模块作业与测试

一、实训报告

项目名称：________________　　　　日期：____年__月__日

原辅料	质量/g	制作工艺流程

续表

原辅料	质量/g	制作工艺流程
仪器设备		
名称	数量	

过程展示(实操过程图及说明等)

样品品评记录	
样品概述	
样品评价	
品评人：	日期：

总结(总结不足并提出纠正措施、注意事项、实训心得等)
反馈意见：
纠正措施：
注意事项：

二、模块测试

扫码领取试题，见数字资源 8-18。

数字资源 8-18

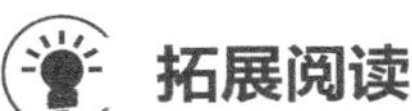

拓展阅读

互联网电商背景下的坚果与籽类行业发展

我国的互联网电商市场发展迅速，给坚果与籽类行业的发展带来巨大的机遇与挑战。随着消费者的购物行为趋向线上，越来越多的坚果与籽类品牌开始进入电商市场，电商平台为坚果与籽类行业提供了广阔的销售渠道。同时，随着社交电商、直播电商等新模式的出现，坚果与籽类品牌更直接地接触消费者，以此提升品牌知名度。

坚果与籽类市场竞争激烈，越来越多的知名品牌涌现。坚果与籽类行业的创新和差异化也是促进行业发展的重要原因。很多品牌不断进行自我创新和改进，推出更加符合消费者需求的健康产品。比如，品牌方开始将坚果和其他果干混合，推出更加健康的产品。还有，品牌方为迎合了年轻消费者的喜好，不仅使坚果与籽类产品价格更亲民，还以新颖的销售方式吸引客户，增强客户的体验感，促进商品的销售，如线上线下结合售卖、随机赠送附属IP涂鸦贴纸与钥匙扣等小礼品等。不仅如此，品牌方还从多方位进行广告营销，例如，热门电视剧广告植入、微博促销、口碑促销、购物节网络促销、品牌IP情感营销等。品牌方不断推陈出新，与时俱进，提升品牌口碑，打动消费者的心，才能使品牌长青。但是，坚果与籽类行业自我创新的同时，也面临环保和可持续发展的问题。比如，如何解决坚果与籽类绿色种植问题，如何应用更加环保的生产工艺及使用可降解的包装材料等。

互联网背景下，坚果与籽类行业发展机遇和挑战并存，市场竞争激烈，企业只有不断提高产品品质和服务水平，贯彻健康环保可持续发展理念，才能够在竞争激烈的市场中立足并获得长远发展。

参考文献

[1] 赵子舒．坚果炒货行业增速发展策略探究［J］．现代食品，2020（8）：76-77.

[2] 黄立硕，贾振宝，陶菲，等．我国坚果标准现状研究［J］．保鲜与加工，2022，22（7）：91-96.

[3] 开比努尔·再比布力，姑丽切克然·艾斯克，韩加．坚果营养成分及保健功效的研究［J］．粮食与食品工业，2022，29（3）：32-36.

[4] 郑淑娟．干果与坚果在全球市场消费量提高［J］．世界热带农业信息，2016（7）：14.

[5] 白卫东，刘薇，郭俊成，等．坚果市场消费者消费行为调查研究［J］．市场周刊，2018（12）：90-91.

[6] 严泽湘．休闲食品加工大全［M］．北京：化学工业出版社，2016.

[7] 王连君，刘晓嘉．坚果生产技术［M］．长春：吉林科学技术出版社，2010.

[8] 薛效贤，薛芹．干坚果品的价值与饮食制作［M］．北京：科学技术文献出版社，2010.

[9] 章绍兵．坚果炒货食品加工技术［M］．北京：化学工业出版社，2010.

[10] 梁绍隆，闫奇奇，温凯，等．小包装混合坚果工艺配方及营养成分分析［J］．中国食物与营养，2017，23（11）：45-48.

糖果类休闲食品加工技术

【课程思政】 中国制糖——糖的历史地位

课前问一问

1. 我国最早制作的糖是什么？
2. 传统饴糖如何制作？

我国制糖的历史悠久，最早可追溯到夏商时期发明的饴糖的制作。饴糖是由玉米、大麦、小麦、粟等粮食经发酵糖化而制成的。除此之外，还有两项制糖发明起源于中国古代：一项是制作冰糖，发明于唐代大历年间；另一项是用黄泥水脱色的方法制取土白糖，发明于元代时期。中国古代制糖的光辉，不仅表现在这三项发明上，还表现在糖业的长久繁荣上。我国的甘蔗制糖业，从唐至清持续一千多年处于繁荣局面，糖业发展的水平一直走在世界糖业的前头。就世界甘蔗糖业来说，中国堪称是甘蔗制糖的“种子国”。我国的甘蔗糖业，从最初的生啖甘蔗，到饮用蔗浆，到把蔗浆置于阳光之下曝干成饧，抑或又熬煮、晒干成糖，到把蔗浆浓缩、冷却成糖，到熬煮、浓缩、静置、冷却、结晶成“糖霜”，到土法制得黑糖、白糖……整个漫长的过程体现了中华民族文明发展的特性，凸显本土特色。世界上许多国家的甘蔗制糖技术都是由我国传播出去的。千千万万的华侨把制糖技术带到世界各地，并在当地开创、发展甘蔗制糖业。

目前，我国糖产量居于世界前列，制糖工艺技术不断创新，多种糖液气浮清净技术、澄清新工艺、离子交换树脂和膜分离技术等新技术持续问世。如今，我国制糖加工产业链进一步延伸，5G、物联网等技术将有助于产业智慧化、数字化升级，糖业转型升级步伐进一步加快。新一代制糖人要继续践行“科技赋能”战略，延伸制糖产业链，开辟糖业新赛道，用科技的力量推动国家制糖产业转型升级，让“甜蜜的事业”更加甜蜜！

课后做一做

1. 查阅文献资料，了解中国的古法制糖工艺，并绘制成工艺流程图。

2. 中国制糖技术发达，调研市场，列举一个现代的糖类产品案例，讲述中国“甜蜜故事”。

项目一　糖果类休闲食品生产基础知识

任务一　了解糖果类休闲食品前沿动态

学习目标

1. 应知糖果类休闲食品的市场动态。
2. 应具备开展糖果类休闲食品调研的能力。
3. 应具备团队合作、沟通协调的能力。

任务流程

产品调研 → 案例检索 → 案例汇报

流程 1　调研糖果类休闲食品的相关信息

通过以下途径调研查阅相关信息，记录整理结果。

1. 联系生活，谈谈生活中常见的糖果产品有哪些。
2. 网络检索，查查线上销量较高的糖果有哪些。
3. 阅读资料，看看糖果类休闲食品可分为哪些类型，典型产品有哪些。

流程 2　搜索糖果类休闲食品的创新案例

在网络和图书中查找糖果类休闲食品的创新产品案例，写下拟订作为汇报材料的案例名称，并谈谈该案例对糖果类休闲食品研发的借鉴意义。

扫码领取表格，见数字资源 9-1。

数字资源 9-1

流程 3 制作并汇报糖果类休闲食品的创新案例

分组讨论糖果类休闲食品的创新案例，按“是什么、创新点、怎么看、如何做”整理撰写形成 PPT 或海报或演讲稿等，安排专人汇报，听取同学们建议后进行改进，并提交作业。

案例名称	
创新点	
怎么看待产品的创新点	
该类产品你会如何设计	

任务二 学习糖果类休闲食品生产基础知识

学习目标

1. 应知糖果类休闲食品的原料的特性常用的加工设备。
2. 应能区别不同类型糖果类休闲食品。
3. 应会不同类型糖果类休闲食品的生产技术。

任务流程

认识糖果类休闲食品的原料 → 了解糖果类休闲食品生产加工技术 → 学习糖果类休闲食品常用加工设备

流程 1 认识糖果类休闲食品原料

问一问

1. 糖果种类繁多，说出不同类型的糖果类休闲食品，并列举对应的典型产品。
2. 糖果类休闲食品的原料有哪些呢？

学一学

糖果类休闲食品原料特点

糖果通常是指由多种糖类（碳水化合物）或巧克力为基本配料，添加有不同营养素的，具有不同物态、质构特征和风味的，耐贮藏的甜味固体食品。我国糖果种类众多，一般可以分为硬质糖果、酥质糖果、焦香糖果、凝胶糖果、奶糖糖果、胶基糖果、充气糖果、压片糖果、流质糖果、膜片糖果、花式糖果等。糖类作为甜味剂，是组成糖果的主要成分，对糖果色泽、香气、滋味、形态、质地和保藏有重要影响。在糖果加工中，常使用的糖类原料有蔗糖、淀粉糖浆、糖醇、麦芽糊精等。

扫码领取微课，见数字资源 9-2。

数字资源 9-2

一、蔗糖

蔗糖是各种糖果的主要甜味来源，蔗糖的质量直接影响到糖果的质量。因此，蔗糖的选择至关重要。糖果加工对蔗糖的要求有：纯度高、味道正、无异味；色泽洁白明亮；颗粒均匀，干燥流散；糖液清晰、透明。

二、淀粉糖浆

数字资源 9-3

淀粉糖浆是淀粉经不完全水解的产品，为无色、透明、黏稠的液体，储存性质稳定，无结晶析出。糖浆的糖分组成主要是葡萄糖、低聚糖、糊精等。淀粉糖浆具有温和的甜味、黏度和保湿性，价格便宜等特点。淀粉糖浆可用作糖果的填充剂，以较低的成本赋予糖果固形物，冲淡糖果的甜味，改善糖果的组织状态和风味；可作为抗结晶剂，能很好地控制糖结晶；可保持水分，增大糖果体积；可阻止或延缓糖果的发烊返砂，改进糖果质地，延长糖果贮藏期。淀粉糖浆具有不同程度的吸湿性。葡萄糖值越高吸湿性越强，制作的糖果容易出现发烊发黏现象；葡萄糖值越低吸湿性越低，制作的糖果容易出现返砂现象。故在一般糖果制作时常用葡萄糖值在 38%～42%的中转化糖浆。另外，淀粉糖浆用量过多，也会使糖果发烊发黏。

扫码领取表格，见数字资源 9-3。

三、饴糖

饴糖又称糖稀、麦芽糖、米稀、山芋稀，是我国最早的制糖甜味料。由于其具有甜度口感温和、不易结晶吸湿、黏度低、颜色稳定等特点，一般可部分代替淀粉糖浆，较适合制造半软性糖果。

四、转化糖浆

转化糖浆透明、黏度低、溶解度高，可部分代替淀粉糖浆制作半软糖、软性糖果，但它吸湿性强，易于引起糖果发烊，故在糖果加工生产中常与其他糖浆混合使用。

五、果葡糖浆

果葡糖浆的糖分组成主要是果糖和葡萄糖。在糖果制作中，果葡糖浆可单独使用，也可与蔗糖、葡萄糖、淀粉糖浆、转化糖浆以及其他糖合成甜味料混合使用。混合使用时，有互相提高甜味的效果。

六、糖醇

糖醇是由相应的糖被还原生成的一种多元醇。常见的糖醇有木糖醇、山梨糖醇、甘露糖醇、麦芽糖醇、乳糖醇等。相比于对应的糖类甜味剂，糖醇一般具有甜度、黏度、能量值较低，不参与美拉德褐变，不被微生物利用等特点，常用于制造口香糖、低糖糖果等。

做一做

1. 整理归纳糖果类休闲食品原辅料的特点及其用途并以思维导图形式呈现。

2. 总结糖果类休闲食品在加工过程需要注意的原料问题及解决途径。

扫码领取表格，见数字资源 9-4。

数字资源 9-4

流程 2　了解糖果类休闲食品生产加工技术

问一问

常见的糖果加工技术有哪些？列举对应的典型糖果产品。

扫码领取表格，见数字资源 9-5。

数字资源 9-5

学一学

一、熬糖技术

熬糖的目的是将糖液中多余水分除掉，使糖液浓缩。常见的熬糖方法有常压熬糖、连续真空熬糖和连续真空薄膜熬糖。

1. 常压熬糖

常压熬糖是在常压、温度为 108～160℃ 条件下进行。在熬煮后期，较高的温度会加速各种化学反应的发生。因此，采用常压熬糖时，特别要避免蔗糖的过度转化，防止转化糖脱水形成糖苷。熬糖终点判别可以通过取少量糖膏滴入冰水中，能立即结成硬的小球且咀嚼脆裂即为终点，也可使用温度计测量糖膏出锅温度判别。

2. 连续真空熬糖

连续真空熬糖也称减压熬糖。真空熬糖是利用真空以降低糖液的沸点，在低温下蒸发掉多余的水分，可避免糖在高温下分解变色，提高产品质量和缩短熬糖时间，提高生产效率。连续真空熬糖工艺主要由加热、蒸发和真空浓缩三部分构成。糖液通过加热管在极短时间内加热浓缩，然后送入蒸发室，排出糖液中的二次蒸汽；之后糖液进行真空浓缩，除去少量水分。当糖膏温度降低到112～115℃时熬糖即宣告结束。

3. 连续真空薄膜熬糖

连续真空薄膜熬糖需要使用夹层锅，锅内层设有一个装有很多刮刀的转子轴，当转子轴转动时，刮刀沿夹层锅内壁旋转。当纯净糖液经加热管道从夹层锅上部流入夹层锅内层时，刮刀贴夹层锅内壁旋转，由于离心力的作用将糖液甩到夹层锅内壁上，同时刮刀将糖液刮成厚约1mm的薄膜糖液，薄膜与锅内壁进行迅速的热交换，糖液内的水分迅速汽化。热蒸汽被排风扇排出，同时夹层锅内被抽成真空，浓缩的糖液沿锅壁下落到底部的真空室内，在减压条件下，糖浆继续脱除残留水分。薄膜熬糖周期很短，仅需10s左右，可适应多种糖果配方。

二、成型技术

由于糖果品种特性的不同，成型方式也不同。目前大部分糖果成型采用连续冲压成型和连续浇模成型，也有用滚压成型、剪切成型及塑性成型。下面详细介绍连续冲压成型和连续浇模成型。

1. 连续冲压成型

连续冲压成型是用拉条机或人工将糖坯拉伸成条，进入成型机中冲压成型。冲压成型的最适宜温度为78～80℃，这时的糖坯具有最理想的可塑性。当糖坯冷却到适宜温度时，即可进行冲压成型。如果温度太高，糖体太软，难以成型，即使成型糖块也易粘连或变形；如果温度太低，糖坯太硬，成型的糖块易产生发毛变暗和缺边断角等问题。

2. 连续浇模成型

连续浇模成型是近年来发展起来的新工艺。将熬煮出来的糖膏，通过浇模机头浇注入连续运行的模型盘内，然后迅速冷却和定型，最后从模盘中脱出。连续浇模成型的一大特点是将冲压成型前的冷却、调和、翻拌、保温拉条、冲压成型、冷却和输送等工序合并为一道工序，为完全自动化提供了连续生产的技术基础。

三、充气技术

充气技术主要应用在充气糖果中，一般在糖果生产中应用搅打产生的泡沫体与其他成分如砂糖和葡萄糖浆一起进行搅打充气。充气方法因充气剂的性质以及机械能的应用形式不同而有所不同。通常充气有一步法、两步法，一次冲浆、两次冲浆法，常压充气和压力充气等不同形式和方法。

压力搅拌充气是制造充气糖果的新技术，分为间歇压力充气和连续压力充气。间歇压力充气是把所有原料放在一个带搅拌功能的压力容器中通入压缩空气进行充气，加快充气速度，缩短充气时间，使生产能力提高数倍。连续压力充气是指糖料、发泡剂和压缩空气连续不断地进入一个混合头中进行瞬时充气，充气速度更快，生产能力更高。糖料、充气剂溶液、压缩空气分别由导管输入混合头，混合充气后的糖浆由混合头前面中央输出管输出到浇注成型机或挤出成型系统，形成连续自动生产线，更有利于节约成本、降低劳动强度和提高生产能力。

四、包装技术

糖果包装主要目的是防潮。含水量低的糖果易吸湿而使产品发烊、返砂，含水量高的糖果则易干缩、霉变。另外，糖果包装还要考虑防止香味的散逸和配料的氧化，同时也应考虑产品要易于剥离、食用方便等实际使用的问题。

传统的糖果包装采用蜡纸裹包，之后逐渐改用玻璃纸裹包，现在多用塑料薄膜包装。塑料薄膜防潮性能好、拉伸强度高、价格低廉、来源充足、品种多样、机械适应性好，适合于高速自动化包装。糖果包装有扭结式、折叠式和接缝式等多种裹包形式。接缝式裹包又称枕式裹包，是近几年发展起来的一种先进的糖果包装技术。其特点是采用热封合，包装的气密性好，能较长时间地防潮、防湿、保香，使货架寿命大大延长，且包装形式新颖，能节省包装材料。

做一做

1. 扫码领取表格，填写影响熬糖效果的因素及影响机制。

见数字资源 9-6。

2. 扫码领取表格，对比不同糖果充气技术并分析其优缺点。

见数字资源 9-7

数字资源 9-6

数字资源 9-7

流程 3　学习糖果类休闲食品常用加工设备

问一问

选择一种糖果产品试说出其工艺流程，分析其在加工过程中需要用到哪些设备。

学一学

一、熬糖设备

糖果常见的熬糖设备有真空连续熬糖锅、真空薄膜/超薄膜熬糖机、双真空低温连续熬糖机、模块化熬糖机等。

1. 真空连续熬糖锅

真空连续熬糖锅是将糖液由化糖锅经管道通过定量泵输入加热管，经蒸汽加热浓缩，进入中间储存室，通过放料阀进入真空转锅制成产品的一种制糖设备。该熬糖设备熬糖色泽透明，适用于生产硬糖、软糖、梨膏糖等。

2. 真空薄膜/超薄膜熬糖机

真空连续熬糖锅工作时，糖液进入加热管是连续进行的，转锅抽真空浓缩糖膏是间歇式的。而真空薄膜熬糖机是连续进糖液、连续浓缩出料，受热时间短，适合连续生产线上配套使用。而真空超薄膜熬糖机，其核心部件为超薄膜瞬时浓缩器，糖液沸腾到过热只要零点几秒，适用于普通硬糖、水果糖、水晶糖及硬太妃糖的熬煮。

3. 双真空低温连续熬糖机

双真空低温连续熬糖机是在真空薄膜熬糖机基础上的又一种创新熬糖设备，通过两次加热熬煮、两次真空浓缩而降低熬煮的温度，能有效地避免产生焦香化反应，从而保持被熬煮物料原有的风味。它适合于原味果汁硬糖、鲜奶风味硬糖的制作。

4. 模块化熬糖机

模块化熬糖机可根据生产需要进行组合配置，适合各种糖浆的熬煮，包括牛乳含量极高的产品。它最多可以生产 3 个花色品种。该机耐高温熬煮，可以生产沸点高的糖醇糖果，拥有蒸汽分离室和先进的真空系统。

二、成型设备

1. 拉条机

拉条机是由成对的拉轮夹住由保温辗床出来的糖条做拉伸成型的设备，同一对拉轮做等速、相反方向旋转，后一对拉轮的糖条孔径小于前一对拉轮的糖条孔径，但转速快于前一对拉轮，使糖条直径缩小、长度延长。

2. 链式冲压成型机

链式冲压成型机的最大特点是冲压为循序渐进的过程，它的对合冲头通过螺杆与链条运行的作用，逐步将糖膏冲压成型。链式冲压成型生产线一般由保温辗床、拉条匀条机、链式冲压成型机和冷却隧道组成。

3. 轮盘式对开模冲压成型机

轮盘式对开模冲压成型机由机架和成型机头两部分组成。它把一个模腔分成两半——外模和内模，外模和内模相对成为一个完整成型模腔，模腔两侧分别由两根冲杆对冲，可将物类压成符合要求的糖果颗粒形状。

4. 硬糖挤出机

硬糖挤出机广泛应用于夹心硬糖、夹心太妃糖、夹心脆皮糖等的成型。夹心操作程序简单易行，夹心均匀效果好，心料加量可控制。

三、充气设备

不同的充气方法要求不同的充气设备。

1. 立式搅拌机

立式搅拌机又称行星式搅拌机，具有拌和、混合、均质和充气等作用，其特点是搅拌运转由变速机构和行星式复合回转运动机构组合而成，更有利于分散和混合，是常压充气最常用的充气装备，可被应用于一步法冲浆或两步法冲浆。一步法就是只进行一次冲浆充气，而两步法首先要制备泡沫体或气泡基，然后分两次冲入糖浆，第一次冲浆温度较低，避免蛋白质变性，第二次冲浆有提高固形物含量，升高温度并达到稳定气泡的作用。

2. 批料压力充气设备

批料压力充气即间歇压力充气。间歇压力充气是把所有原料放在一个带搅拌功能的压力容器中通入压缩空气进行充气，充气速度快，充气时间短。

3. 连续压力充气设备

连续压力充气是指在生产过程中糖浆、充气剂和压缩空气连续不断地通过一个充气系统进行混合充气。这种系统适用于生产以卵蛋白发泡的最低密度有可能达到 0.15～0.16kg/L 的糖果，如天使蛋白糖或类似的产品。

做一做

1. 总结硬糖加工中常用的设备并以思维导图形式呈现。
2. 列举一种新型的充气装置，并简要说明其设备操作原理和结构组成。

项目二 糖果类休闲食品的加工制作

任务一 制作硬质糖果

实训目标

1. 应知硬质糖果的制作工艺。
2. 应会正确选择不同硬质糖果蔗糖与淀粉糖浆的比例。
3. 应会对硬质糖果常见的质量问题进行分析。
4. 应会对硬质糖果进行质量管理与控制。

实训流程

接收工单→配方设计→准备工作→实施操作→产品评价→总结评价。
扫码领取表格，见数字资源 9-8。

数字资源 9-8

流程 1 接收工单

序号：__________日期：__________项目：__________

品名	规格	数量	完成时间
______硬糖	______g/颗	______/组	4 学时
附记	根据实际条件自行设计产品规格及数量		

流程 2　配方设计

1. 参考配方

扫码领取几种常见的硬糖制品的配方。

见数字资源 9-9。

2. 配方设计表

通过对工单解读、查阅资料等，设计硬糖的配方，并填写到下表中。

______硬糖配方设计表

序号	材料	用量	序号	材料	用量
1			4		
2			5		
3			6		

流程 3　准备工作

通过对工单解读，结合设计的产品配方需求，将硬糖加工所需的设备和原辅料填入下面表格中。

______硬糖加工所需设备

序号	设备名称	规格	序号	设备名称	规格
1			4		
2			5		
3			6		

______硬糖加工所需原辅料

序号	原辅料名称	规格	序号	原辅料名称	规格
1			4		
2			5		
3			6		

流程 4　实施操作

1. 工艺流程（真空熬煮）

色素 ↓（熬糖）

砂糖＋淀粉糖浆→配料→化糖→过滤→预热→蒸发→熬糖→冷却→调和→成型→挑选→包装→成品。

香精、调味料 ↑（调和）

2. 操作要点

（1）配料　在选择和确定一种硬糖配方时，首先需考虑物料间的两种平衡关系，即干固物的平衡和还原糖的平衡。

产品收获干固物=各物料干固物+加工损耗干固物

总还原糖=加入还原糖+生成还原糖

另外，原料的配比还受生产工艺的制约。

(2) 化糖　一般可按配方中物料总固形物的30%～35%加入水分，其中包括湿物料中的水分，并保持一定温度，使砂糖尽快溶化，然后过滤除去所含杂质。另外，在糖粒完全溶化后的20min内，需及时将物料传递给下一工段。

(3) 熬糖　熬糖的速度应视生产情况掌握，并与冷却、成型工艺衔接好，不使糖积压或脱挡。真空熬糖还原糖的转化控制在1%左右，不得超过2%；糖膏含水量应控制在3%以下。

(4) 冷却和调和　刚熬煮出锅的糖膏，必须冷却至适当温度后，再加入色素、香精和柠檬酸等。糖膏加入香精和调味料以后，需立即进行调和与翻拌，将接触冷却台面的糖膏翻折到糖块中心，经反复折叠，使整块糖坯温度均匀下降。

(5) 成型　糖坯冷却到适宜温度即可进行冲压成型。冲压成型的适宜温度为70～80℃，用拉条机或人工将糖坯拉伸成条，送入成型机中冲压成型。冲压成型时需注意，成型室内的温度最好为25℃，相对湿度以不超过70%为宜。

(6) 挑选与包装　成型后及时包装。包装室要求温度≤25℃，相对湿度≤50%，以免糖果吸潮。

流程5　产品评价

数字资源9-10

1. 产品质量标准

扫码领取表格，见数字资源9-10。

2. 产品感官评价

参照产品质量标准，对制作的硬糖进行感官评价。

项目	感官评价
形态	
色泽	
滋味和气味	
口感	
杂质	
评价人员签字	

流程6　总结评价

1. 请扫码领取表格，并填写有关安全注意事项及防护措施等。

见数字资源9-11。

2. 请扫码领取表格，并填写相关内容，对本项目进行总结评价。

见数字资源 9-12。

任务二　制作凝胶糖果

实训目标

1. 应知凝胶糖果的典型制作工艺。
2. 应会典型凝胶糖果的配方设计
3. 应会典型凝胶糖果产品的制作。
4. 应会对凝胶糖果进行质量管理与控制。

实训流程

接收工单→配方设计→准备工作→实施操作→产品评价→总结评价。

扫码领取表格，见数字资源 9-13。

流程 1　接收工单

序号：＿＿＿＿＿日期：＿＿＿＿＿项目：＿＿＿＿＿＿＿＿＿＿

品名	规格	数量	完成时间
＿＿软糖	＿＿＿g/颗	＿＿＿/组	4 学时
附记	根据实际条件自行设计产品规格及数量		

流程 2　配方设计

1. 参考配方

扫码领取几种常见的凝胶糖果制品的配方。

见数字资源 9-14。

2. 配方设计表

通过对工单解读、查阅资料等，设计凝胶糖果的配方，并填写到下表中。

凝胶糖果配方设计表

序号	材料	用量	序号	材料	用量
1			5		
2			6		
3			7		
4			8		

流程 3 准备工作

通过对工单解读，结合设计的产品配方需求，将凝胶糖果加工所需的设备和原辅料填入下面表格中。

凝胶糖果加工所需设备

序号	设备名称	规格	序号	设备名称	规格
1			5		
2			6		
3			7		
4			8		

凝胶糖果加工所需原辅料

序号	原辅料名称	规格	序号	原辅料名称	规格
1			5		
2			6		
3			7		
4			8		

流程 4 实施操作

1. 工艺流程（以琼脂软糖为例）

琼脂预处理
↓
砂糖、淀粉糖浆→溶化→过滤→熬煮→冷却→凝结→切块→包装

2. 操作要点

(1) 琼脂处理　琼脂预先用凉水浸泡 1h，水量约为琼脂量的 20 倍。然后慢慢加热溶化，溶化后过滤。

(2) 熬糖　白砂糖加水加热溶化（水量为白砂糖量的 30%），然后将琼脂溶液加入一同

加热熬煮，当糖温升至105℃时，加入葡萄糖浆，继续加热，当糖温升至108～110℃即为熬糖终点。

(3) 冷却混合　糖液撤离火源，待糖液稍冷后加入香精并混合均匀，倒入冷凝盘中，厚1.5～2cm，静置1h。

(4) 凝固切块包装　凝固后即可切条切块，再用糯米纸逐块包裹，送烘箱烘干至含水量达到15%以下即可。

流程5　产品评价

数字资源 9-15

1. 产品质量标准

扫码领取表格，见数字资源9-15。

2. 产品感官评价

参照产品质量标准，对制作的琼脂软糖进行感官评价。

项目	感官评价
形态	
色泽	
滋味和气味	
口感	
杂质	
评价人员签字	

流程6　总结评价

1. 请扫码领取表格，并填写有关安全注意事项及防护措施等。

见数字资源9-16。

2. 请扫码领取表格，并填写相关内容，对本项目进行总结评价。

见数字资源9-17。

数字资源 9-16

数字资源 9-17

任务三 制作充气糖果

实训目标

1. 应知充气糖果的典型制作工艺。
2. 应会典型充气糖果的配方设计。
3. 应会典型充气糖果的制作。
4. 应会对充气糖果进行质量管理与控制。

实训流程

接收工单→配方设计→准备工作→实施操作→产品评价→总结评价。

扫码领取表格，见数字资源 9-18。

数字资源 9-18

流程 1 接收工单

序号：________ 日期：________ 项目：________

品名	规格	数量	完成时间
韧性牛轧糖	____g/颗	____/组	4 学时
附记	根据实际条件自行设计产品规格和数量		

流程 2 配方设计

1. 参考配方

扫码领取几种常见的充气糖果制品的配方。

见数字资源 9-19。

数字资源 9-19

2. 配方设计表

通过对工单解读、查阅资料等，设计韧性牛轧糖的配方，并填写到下表中。

韧性牛轧糖配方设计表

序号	材料	用量	序号	材料	用量
1			5		
2			6		
3			7		
4			8		

流程 3 准备工作

通过对工单解读，结合设计的产品配方需求，将韧性牛轧糖加工所需的设备和原辅料填入下面表格中。

韧性牛轧糖加工所需设备

序号	设备名称	规格	序号	设备名称	规格
1			5		
2			6		
3			7		
4			8		

韧性牛轧糖加工所需原辅料

序号	原辅料名称	规格	序号	原辅料名称	规格
1			5		
2			6		
3			7		
4			8		

流程 4 实施操作

1. 工艺流程

发泡剂→溶化
↓
砂糖＋淀粉糖浆→溶化、过滤→熬煮→冲浆搅拌→气泡糖基
↓
砂糖＋淀粉糖浆→溶化→过滤→熬煮→混合→冷却→成型→挑选→包装→成品
↑
果仁、香料、油脂

2. 操作要点

(1) 发泡剂溶化　将蛋白干粉加 2 倍水，浸泡 30min 进行复水，使其完全溶化成溶液倒入搅拌机中。

(2) 气泡糖基制作　将砂糖、淀粉糖浆和水以质量比 5∶1∶1 混合加热，待溶解后过滤，然后熬煮到 115～116℃，再冷却至 90℃，与蛋白溶液混合，快速搅打充气至密度达到 $0.5g/cm^3$，成为一种含糖的气泡糖基。

(3) 混合糖浆与气泡糖基　将砂糖、淀粉糖浆和水按质量比 2∶5∶1 溶解过滤后，熬煮到 126～127℃，再缓慢地冲入上述充气的气泡糖基中，连续搅打，混合均匀。

(4) 混合其他物料　加入果仁和香味料，慢速混合，最后加入油脂，只需分布均匀即可。应尽量缩短混合时间，避免因油脂而使气泡破裂消除。

(5) 冷却定型　将加工后的糖体倾倒在刷过油的冷却台板上，摊平冷却，用平车滚压成一定厚度，再用刀车切割成长方块后进行包装。也可采用拉条机拉条，然后冷却切割包装。

最后成品密度可达 0.9g/cm^3，成为柔韧松软的牛轧糖。

流程 5 产品评价

数字资源 9-20

1. 产品质量标准

扫码领取表格，见数字资源 9-20。

2. 产品感官评定

查阅产品质量标准，对制作的韧性牛轧糖进行感官评价。

项目	感官评价
形态	
色泽	
滋味和气味	
组织	
杂质	
评价人员签字	

流程 6 总结评价

1. 请扫码领取表格，并填写有关安全注意事项及防护措施等。见数字资源 9-21。

2. 请扫码领取表格，并填写相关内容，对本项目进行总结评价。见数字资源 9-22。

数字资源 9-21

数字资源 9-22

任务四 制作焦香糖果

实训目标

1. 应知焦香糖果的典型制作工艺。
2. 应会典型焦香糖果的配方设计。
3. 应会典型焦香糖果产品的制作。
4. 应会对焦香糖果进行质量管理与控制。

实训流程

接收工单→配方设计→准备工作→实施操作→产品评价→总结评价。

扫码领取表格，见数字资源 9-23。

数字资源 9-23

流程 1 接收工单

序号：__________ 日期：__________ 项目：______________________________

品名	规格	数量	完成时间
太妃糖	______g/颗	______/组	4 学时
附记	根据实际条件自行设计产品规格及数量		

流程 2 配方设计

1. 参考配方

扫码领取几种常见的焦香糖果制品的配方。

见数字资源 9-24。

数字资源 9-24

2. 配方设计表

通过对工单解读、查阅资料等，设计一款太妃糖的配方，并填写到下表中。

太妃糖配方设计表

序号	材料	用量	序号	材料	用量
1			5		
2			6		
3			7		
4			8		

流程 3 准备工作

通过对工单解读，结合设计的产品配方需求，将太妃糖加工所需的设备和原辅料填入下面表格中。

太妃糖加工所需设备

序号	设备名称	规格	序号	设备名称	规格
1			5		
2			6		
3			7		
4			8		

太妃糖加工所需原辅料

序号	原辅料名称	规格	序号	原辅料名称	规格
1			5		
2			6		
3			7		
4			8		

流程 4 实施操作

1. 工艺流程

混料→溶化→过滤→混合乳化→熬煮与焦香化→冷却→成型→冷却→挑选→包装→成品。

2. 操作要点

(1) 溶糖 按配方比例称取白砂糖、淀粉糖浆和炼乳，加入糖量 30%左右的净化水，在化糖锅中加热煮沸后加盐，保持 2～3min，使砂糖、食盐充分溶解，糖液温度为 105～107℃，糖液浓度为 75%左右，然后用 80 目以上的筛网加以过滤除去杂质。

(2) 混合、乳化 将溶化后的糖液、炼乳及油脂和乳化剂放在一起，在低于 60℃时，均匀搅拌 10min 使以上物料充分地混合，然后将混合糖液送入高压均质机或胶体磨中，进行微细化和乳化处理，使糖液混合物中的脂肪球直径减少至 1μm 左右。

(3) 熬煮 太妃糖的焦香化是在混合糖液的加热过程中产生的。将混合糖液加入熬糖锅中，通入蒸汽加热至 125～130℃，然后将蒸汽阀门略微关小，继续熬煮，并不断搅拌，焦香化在 pH 值 7.5～8 下反应较完全，单料熬煮时间一般要长达 30～45min，连续熬煮约 10～15min。在熬煮过程中不断进行搅拌是为了促进热交换和焦香化反应的完全，同时可避免发生焦煳粘锅现象。

(4) 冷却成型 将熬煮好的糖浆倒在冷却台上（出锅温度约为 125℃），加入适量香精、色素并不断进行翻拌调和，冷却至 60℃左右时，将糖膏送至整条成型机进行整形拉条，之后由刀平车成型，形态为正方块。

(5) 包装 成型后的糖粒在冷却带上吹冷风进行适当冷却，冷却至稍高于室温，然后进行整理，剔除不符合标准的糖粒，合格产品由自动化包装机包装，包装形式可采用枕式包装。

流程 5 产品评价

数字资源 9-25

1. 产品质量标准

扫码领取表格，见数字资源 9-25。

2. 产品感官评价

参考有关标准，对制作的太妃糖进行感官评价。

项目	感官评价
形态	
色泽	
滋味和气味	
组织	
杂质	
评价人员签字	

流程 6 总结评价

1. 请扫码领取表格，并填写有关安全注意事项及防护措施等。
见数字资源 9-26。
2. 请扫码领取表格，并填写相关内容，对本项目进行总结评价。
见数字资源 9-27。

数字资源 9-26

数字资源 9-27

任务五 制作巧克力糖果

巧克力糖果是以可可制品（可可液块、可可粉、可可脂）、砂糖、乳制品、香料、表面活性剂等为基本原料，加工制成的一类固体或半固体食品。它是具有独特的色泽、香气、滋味和精细质感的香甜固体食物。纯巧克力按其配方中原料油脂的性质来源的不同，可分为两大类，即天然可可脂纯巧克力及代可可脂和类可可脂巧克力。而巧克力制品根据原料组成不同和生产工艺的差别可以分为果仁巧克力、夹心巧克力、抛光巧克力等。

实训目标

1. 应知巧克力糖果的典型制作工艺。
2. 应会典型巧克力糖果的制作。
3. 应会对巧克力糖果进行质量管理与控制。

实训流程

接收工单→配方设计→准备工作→实施操作→产品评价→总结评价。

扫码领取表格，见数字资源 9-28。

数字资源 9-28

流程 1　接收工单

序号：__________日期：__________项目：__________

品名	规格	数量	完成时间
果仁巧克力	_____g/颗	_____/组	4 学时
附记	根据实际条件自行设计产品规格及数量		

流程 2　配方设计

1. 参考配方

扫码领取几种常见的巧克力糖果制品的参考配方。

见数字资源 9-29。

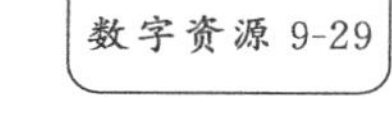
数字资源 9-29

2. 配方设计表

通过对工单解读、查阅资料等，设计果仁巧克力的配方，并填写到下表中。

果仁巧克力配方设计表

序号	材料	用量	序号	材料	用量
1			5		
2			6		
3			7		
4			8		

流程 3　准备工作

通过对工单解读，结合设计的产品配方需求，将果仁巧克力加工所需的设备和原辅料填入下面表格中。

果仁巧克力加工所需设备

序号	设备名称	规格	序号	设备名称	规格
1			5		
2			6		
3			7		
4			8		

果仁巧克力加工所需原辅料

序号	原辅料名称	规格	序号	原辅料名称	规格
1			5		
2			6		
3			7		
4			8		

流程 4　实施操作

1. 工艺流程

果仁→焙炒→冷却→包衣→稳定→抛光→储放→包装→成品。

巧克力浆→保温（35～38℃）　起光剂、护光剂

2. 操作要点

（1）焙炒　选用整粒的、不去衣的果仁。焙炒后拣去不完整或分瓣的果仁。焙炒后果仁含水量应在3%以下，不生不焦，保持本身应有的香、松、脆的性质。

（2）冷却　焙炒后冷却至室温，及时进行包衣，不得受潮。

（3）包衣　将果仁放进包衣锅中，启动包衣锅，在滚动下加入保温的巧克力浆，保持包衣间环境温度为15～18℃。在不断翻动下巧克力浆料均匀地分布并凝结到果仁心体表面，吹入冷风，巧克力浆料凝固呈干燥状态时，再依次进行加浆、凝结，增加厚度直至果仁与巧克力浆料达到所需的质量比例为止。加浆料、冷却凝固速度不宜太快，若由于冷风温度低凝固过快，表面出现凹凸不平，此时应关闭冷风，以减缓凝固速度。一般最后一次加浆前，都不用冷风，保持一定温热状态，以延长滚动和浆料的凝固时间，通过不断滚动摩擦，弥补填平，使糖体表面达到光润的要求。

（4）稳定　包衣完成后，出料放于浅盘上，在15～18℃下静置数小时，让包衣层硬化，质构趋向稳定，提高硬度，增加抛光的光泽度。但也可以在包衣完成后，直接吹入冷风进行抛光，这样产生光泽较慢，需要延长抛光时间和增加抛光剂的用量。

（5）抛光　产品抛光要在干净的抛光锅中进行，糖品在不断地滚动和翻转下喷入抛光剂，并吹冷风，温度为10～12℃，不得超过13℃。抛光剂分起光剂和上光剂（护光剂），抛光分起光和护光两个过程，先进行起光，然后再行护光。起光剂为水溶性，护光剂则为醇溶性。糖品在抛光锅中不断滚动，分数次加入起光剂，吹入冷风，温度10～12℃，在不断滚动和摩擦下，巧克力表面便逐渐起光，继续滚动直至光亮度达到要求，并使湿气散发，表面呈现干燥状态时，加入上光剂进行护光。同样，护光剂也要分数次添加，加入时吹进冷风，使酒精挥发出去，等到表面干燥时再添加护光剂，依次进行，直到表面光亮为止。

（6）包装　成品取出放于浅盘中，在室温20～22℃中静置过夜，然后进行包装。

流程 5　产品评价

数字资源 9-30

1. 产品质量标准

扫码领取表格，见数字资源9-30。

2. 产品感官评价

查阅产品质量标准，对制作的果仁巧克力进行感官评价。

项目	感官评价
形态	
色泽	
滋味和气味	
组织	
杂质	
评价人员签字	

流程 6　总结评价

1. 请扫码领取表格，并填写有关安全注意事项及防护措施等。

见数字资源 9-31。

2. 请扫码领取表格，并填写相关内容，对本项目进行总结评价。

见数字资源 9-32。

数字资源 9-31

数字资源 9-32

任务六　探索制作创意糖果类休闲食品（拓展模块）

实训目标

1. 应知创意糖果的研发流程。
2. 应能激发自我的创新意识。
3. 应能培养塑造自我的创新思维。
4. 应有产品开发和独立创新能力。
5. 应会研制创新糖果类休闲食品。

实训流程

案例学习 → 头脑风暴 → 方案制订 → 产品研制 → 评价改进

流程 1　创意糖果类休闲食品案例学习

以小组为单位，自主检索、调研学习创意糖果类休闲食品，包括市场上的创意产品、相关比赛的创意产品、自主研发的创意产品等，至少列举 2 个案例，并汇报说明创意。

流程 2　小组进行糖果类休闲食品创意设计的头脑风暴

以小组为单位，对糖果类休闲食品的创意设计进行头脑风暴、讨论分析，形成一个可行的创意产品，小组选择一人做简要的汇报。

流程 3　创意糖果类休闲食品的产品方案制订

扫码领取方案制订模板并填写，制订方案。

见数字资源 9-33。

数字资源 9-33

流程 4　创意糖果类休闲食品的研制

完成创意糖果类休闲食品的研发设计与制作。

流程 5　创意糖果类休闲食品的评价改进

以小组为单位提交创意糖果类休闲食品的制作视频、产品展示说明卡、产品实物，按照评分表进行综合性评价，具体包括自评、小组评价、教师评价，提出产品的改进方向或措施。

扫码领取表格，见数字资源 9-34。

数字资源 9-34

项目三　模块作业与测试

一、实训作业

项目名称：________________　　　　日期：____年__月__日

原辅料	质量/g	制作工艺流程

续表

原辅料	质量/g	制作工艺流程
仪器设备		
名称	数量	

过程展示(实操过程图及说明等)

样品品评记录	
样品概述	
样品评价	

品评人： 日期：

总结(总结不足并提出纠正措施、注意事项、实训心得等)

续表

反馈意见：
纠正措施：
注意事项：

二、模块测试

扫码领取试题，见数字资源 9-35。

数字资源 9-35

拓展阅读

世界技能大赛糖艺/西点项目

世界技能大赛被誉为“世界技能奥林匹克”，其竞技水平也代表了世界职业技能领域的最高水平。糖艺/西点制作项目是世界技能大赛项目之一。近年来，中国选手纷纷在世界舞台上崭露头角，创下辉煌，分别获得第 44 届世界技能大赛糖艺/西点制作项目优胜奖和第 45 届世界技能大赛糖艺/西点制作项目银牌。这正是我国高技能人才建设的成果，也是展示中华匠人才华绝技、展现技能人才建设成果最有力的佐证。当代技能青年应该牢记“技能强国”历史使命，大力弘扬“工匠精神”，钻研新技术、掌握新技能、争创新业绩、走技能报国之路，为中国实现技能强国助力！

参考文献

[1] 张忠盛，赵发基．新型糖果生产工艺与配方［M］．北京：中国轻工业出版社，2014.
[2] 薛效贤，薛芹．巧克力糖果加工技术及工艺配方［M］．北京：科学技术文献出版社，2005.
[3] 李木田．中国制糖三千年［M］．广州：华南理工大学出版社，2016.
[4] （美）戴维·考特莱特．上瘾五百年　烟、酒、糖、咖啡和鸦片的历史［M］．薛绚．译．北京：中信出版社，2014.
[5] （美）西敏司作，高丙中．甜与权力：糖在近代历史上的地位［M］．王超，朱健刚，译．北京：商务印书馆，2010.

果冻类休闲食品加工技术

【课程思政】 中式“果冻”，凝冻中华饮食文化

课前问一问

1. 你吃过哪些果冻产品？你选择果冻时会考虑哪些因素？
2. 列举 3 种与果冻相似的中华传统小吃。

果冻是现代人喜爱的夏季休闲食品之一，世界上第一颗果冻在 1897 年被制作出来，但其实中国人吃“果冻”的历史远比这还要早。传统小吃中的“凉糕”“石花冻”“仙草”“龟苓膏”等是中国最古早的果冻。有记载早在唐宋期间已经发现洋菜、荸荠等植物可当作凝冻剂制作“凉糕”和“石花冻”。龟苓膏诞生于 800 年前的南宋时期，御医在一种清热祛湿的养生食疗秘方（鹰嘴龟、土茯苓、生地、蒲公英、金银花等）中加入“凉粉草”制成膏状药物，也就是龟苓膏的雏形。

来自海洋的“天然果冻”——石花膏，是闽南地区的名小吃。它取用生长于海底、采摘极为不易的天然植物石花草为原料，一般纯手工制作，以大锅热水熬制石花草，滤后凝固如果冻，透亮清澈；食用时在石花膏上刮刨出均匀的细条，再加蜜水或糖水即可。

这些中式“果冻”都是智慧的中国劳动人民在漫长历史中的创造，蕴含着中华饮食文化，凝结着中华文化特有的审美。如今，社会各界重视传承使命，守护非遗记忆，加强非遗技艺保护，这些中式果冻大多被列入非物质文化遗产，同时涌现一批批高素质匠人，培养了多位非遗传承人。在一代代的传承中，应保护好、传承好、利用好非物质文化遗产，擦亮招牌并进一步发扬光大，积极开创传播渠道，不断进行产品创新，让古老的非物质文化遗产在崭新时代焕发出勃勃生机。

课后做一做

1. 查阅资料，选择一种中式“果冻”，介绍其制作工艺。
2. 调研市场，看看传统的中式“果冻”如何走向工业化生产，并列举一个案例分析其工业化的要素。

项目一　果冻类休闲食品生产基础知识

任务一　了解果冻类休闲食品前沿动态

学习目标

1. 应知果冻类休闲食品的市场动态。
2. 应具备开展果冻类休闲食品调研的能力。
3. 应具备团队合作、沟通协调的能力。

任务流程

流程 1　调研果冻类休闲食品的相关信息

通过以下途径调研查阅相关信息，记录整理结果。
1. 联系生活，说说你日常认知的果冻类休闲食品有哪些。
2. 网络检索，查查市场上果冻类休闲食品有哪些。
3. 阅读资料，看看果冻类休闲食品包含哪些类型。

流程 2　搜索果冻类休闲食品的创新案例

在网络和图书中查找果冻类休闲食品的创新产品案例，写下拟订作为汇报材料的案例名称，并谈谈该案例对果冻类休闲食品研发的借鉴意义。

扫码领取表格，见数字资源 10-1。

数字资源 10-1

流程 3　制作并汇报果冻类休闲食品的创新案例

分组讨论果冻类休闲食品的创新案例，按“是什么、创新点、怎么看、如何做”整理撰写形成 PPT 或海报或演讲稿等，安排专人汇报，听取同学们建议后进行改进，并提交作业。

案例名称	
创新点	
怎么看待产品的创新点	
该类产品你会如何设计	

任务二　学习果冻类休闲食品生产基础知识

学习目标

1. 应知果冻类休闲食品的原料加工特性。
2. 应知果冻类休闲食品常用的加工方法和加工设备。
3. 应会正确选择果冻类休闲食品的生产技术。

任务流程

认识果冻类休闲食品原料 → 了解果冻类休闲食品生产加工技术 → 学习果冻类休闲食品常用加工设备

流程 1　认识果冻类休闲食品原料

问一问

1. 果冻的种类很多，根据不同特点进行分类，并填写表格扫码领取表格，见数字资源 10-2。
2. 果冻中常用的凝胶剂有哪些？

数字资源 10-2

学一学

果冻原料特点

果冻是指主要以水、食糖和增稠剂等为原料，经溶胶、调配、灌装、杀菌、冷却等工序加工而成的胶冻食品，主要呈半固体状或无固定状。

一、果冻中的凝胶剂

果冻食品胶配料通常采用琼脂、明胶、魔芋胶、槐豆胶、黄原胶、果胶和卡拉胶等胶体。

1. 琼脂

琼脂是从石花菜、江蓠、龙须菜等红藻中提取出来的一种亲水性胶体，又称琼胶和洋菜。琼脂具有显著的热可逆凝胶特性，可提高果冻产品的胶凝、质构品质。但是，以琼脂为原料制成的果冻凝胶强而脆，弹性和色泽差，且脱水收缩严重，使用量大，成本高。

2. 果胶

果胶是一种结构复杂的天然植物多糖，呈弱酸性，耐热性强，其与纤维素结合以原果胶、果胶、果胶酸的形态存在于植物的初生细胞壁和胞间层。果胶广泛应用于食品行业，常用作增稠剂、凝胶剂和乳化剂等。果胶的凝胶形成条件不同，在果冻的生产过程中，高甲氧基果胶需要在高浓度的糖和较低的 pH 值条件下才能凝固，而低甲氧基果胶使用不方便，且成本较高，应用有一定的局限性。

3. 明胶

明胶是胶原的水解产物，无脂肪、高蛋白、且不含胆固醇，是一种天然营养型的食品增稠剂。明胶不溶于有机溶剂，不溶于冷水，但在冷水中吸水膨胀，易溶于温水，冷却形成凝胶。明胶所形成的凝胶具有如下特点：弹性好，但凝胶形成需要较长时间；凝胶强度弱，凝胶形成所需添加剂量大；明胶的凝固点和熔化点低，制作凝胶产品需要冷藏。

4. 卡拉胶

卡拉胶又名角叉胶，是以红藻为原料制取的水溶性非均一性多糖类食品胶体，化学结构是由半乳糖及脱水半乳糖所组成的多糖类硫酸酯的钙、钾、钠、铵盐。食品工业中应用较多的两种类型的卡拉胶为 κ 型、ι 型卡拉胶。卡拉胶溶于热水中时卡拉胶分子以不规则的卷曲状存在；随着温度的降低，卡拉胶分子螺旋化，形成螺旋体；温度进一步降低，螺旋体相互聚集，进而形成空间网状结构，因此具有了凝胶的性质。在果冻生产中可作为一种很好的凝固剂，制成的果冻富有弹性且没有离水性，但同时也存在凝胶脆性大、弹性小、易出现脱液收缩等问题。

5. 魔芋胶

魔芋胶是用魔芋块茎制得的一种水溶性胶，在食品加工行业，尤其是果冻行业，魔芋胶也具有广泛的应用。魔芋胶的主要成分是魔芋葡甘聚糖，它的主链和支链都是由 D-葡萄糖和 D-甘露糖组成，但 2 种单糖的连接顺序并不固定。主链中的单糖通过 β-1,4-糖苷键连接，而支链则是通过 β-1,3 糖苷键连接在主链中 D-甘露糖的 3-C 上。魔芋胶具有很强的吸水能力和膨润作用。凝胶性能理想，保持或强化了葡甘聚糖所具有的降糖、降脂、减肥等保健功能。

6. 黄原胶

黄原胶是一种微生物代谢胶。黄原胶在水溶液中存在 3 种构象：天然状态的黄原胶可能具有一个较为规整的双螺旋结构；经过长时间加热的黄原胶，其螺旋链将伸展成无序的卷曲状；经冷却后的黄原胶，卷曲链和螺旋链共存于体系中。黄原胶的生产不受气候的影响，且具有优良的增稠性、稳定性、触变性、乳化性等功能，因而被广泛地应用于食品工业。但黄原胶较难形成凝胶，因此在果冻生产中较少用到其凝胶特性。

7. 凝胶剂复配

凝胶剂复配是根据生产需要及单体食品胶体的性质与功能，将两种或多种具有协同作用或互补功能的单体胶，按照一定比例复配在一起。不同的食品胶体复配，可以得到较好的效果。市面上的果冻大多是使用复配胶体，充分利用各种食品胶体之间的协同作用，产生无数种复合胶，以满足食品生产的不同需求，尽可能达到最低的用量水平。复配凝胶剂不但具有单体胶的增稠、乳化、稳定效果，还有增强凝胶的成胶性、黏弹性的效果，有助于提高果冻的口感。

扫码领取微课，见数字资源 10-3。

数字资源 10-3

二、食品添加剂

果冻中常用到的食品添加剂有酸度调节剂、香精与香料、甜味剂、防腐剂和着色剂等。果冻会用酸度调节剂来平衡产品口感，目前常用的有苹果酸、柠檬酸等。食品香精与香料是形成果冻风味的重要辅助成分，添加量不足 0.1%，它不但能够增进食欲，有利消化吸收，而且对增加食品的花色品种和提高食品质量具有重要的作用。果冻中的甜味剂是与白砂糖等混合使用，以使果冻达到最理想的口感效果。果冻制品常选择山梨酸钾作为防腐剂，以确保在不影响产品质量的同时，延长产品的货架寿命。

做一做

1. 查阅资料，对比分析果冻常见的凝胶剂的优缺点，完成下列表格。

不同凝胶剂的特性比较

凝胶剂	热稳定性	透明度	凝胶脆性	弹性	形成凝胶时所需浓度
琼脂					
明胶					
果胶					
卡拉胶					
黄原胶					
魔芋胶					

2. 调研市场常见果冻产品，归纳总结常见的果冻复配凝胶剂。

常见的复配凝胶剂

项目	复配组合 1	复配组合 2	复配组合 3	复配组合 4	复配组合 5
凝胶剂					

流程 2　了解果冻类休闲食品生产加工技术

 问一问

扫码领取表格并填写果冻类休闲食品常用加工技术。

见数字资源 10-4。

数字资源 10-4

学一学

1. 果冻的充填与封口技术

浓缩好的胶液，应立即充填到经消毒的容器（果冻杯）中，并及时封口，不能停留。目前果冻生产的充填封口操作多由全自动充填封口机来完成。杯型果冻是用不同杯型配备不同规格的充填封口机进行充填封口形成。条状果冻或异形果冻是将胶液充填入预先加工好的包装袋或造型包装物中进行旋盖或封口形成。盖膜热封或其他形式封口，要及时调整偏膜，以免造成商标不完整，封口温度控制在 180～200℃，封口时间控制在 1～1.5s，避免由于封口温度过高造成烧膜或封口温度过低造成封口不严。封口必须由专人检验，若封口不严，会造成空气、冷却水等进入包装容器而导致内容物污染和腐坏；另外内容物外溢也会造成产品外观不良。

2. 果冻的杀菌技术

果冻常用的杀菌技术是巴氏杀菌。封口后的果冻，由输送带送至温度为 85℃的热水槽中浸泡杀菌约 9min，经巴氏杀菌之后的果冻，应尽快冷却降温至 40℃左右，以便能最大限度地保持食品的色泽和风味。除了巴氏杀菌外，目前微波杀菌技术、超高温瞬时杀菌灌装技术等新技术也被应用于果冻加工中。

做一做

1. 扫码领取表格，谈谈凝胶强度的控制手段。

见数字资源 10-5。

2. 分析果冻产品中出现气泡的原因，并提出解决办法。

扫码领取表格并填写，见数字资源 10-6。

数字资源 10-5

数字资源 10-6

流程 3 学习果冻类休闲食品常用加工设备

问一问

果冻类休闲食品加工常用哪些设备?

学一学

根据果冻生产工艺，其生产设备包括煮胶锅（罐）、过滤设备、配料罐、充填封口设备、杀菌设备等。

1. 煮胶锅（罐）

设备有单层和夹层煮胶锅（罐），夹层煮胶锅（罐）由内外两层组成，内层为不锈钢材料或搪瓷材料。单层锅（罐）内安装单管或多管或螺旋管，通过蒸汽或电等方式进行加热。

2. 过滤设备

过滤设备种类较多，常用的有连续自动过滤器、旋转式过滤器、压力式过滤器等。胶冻液过滤比较困难，仅靠设备过滤，效果有限，选择合理配方、工艺可降低过滤难度。

3. 配料罐

有单层、双层罐体，可有搅拌或无搅拌装置，一般要求用不锈钢材料。

4. 充填封口设备

充填封口机是保证杯型果冻封口质量的关键设备之一。杯型果冻使用的充填封口机可分全自动和半自动两种，机械化、自动化程序差距很大。条状果冻的充填封口设备机械化、自动化形式较多。可吸果冻可用半自动充填旋盖或热封口形式，机械化连续充填旋盖、热封。异型果冻大部分采用专用机械设备。

5. 杀菌设备

果冻的杀菌大多数采用热水巴氏杀菌工艺，一般使用间歇式杀菌槽、杀菌锅。先进的杀菌技术有使用连续杀菌生产线，也有引入超高温瞬时杀菌灌装技术，可自动控制温度和杀菌时间，以确保产品质量。

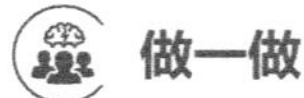

做一做

1. 生产设备的清洗消毒步骤包括哪些?
2. 总结果冻在加工过程常见的质量问题及解决方法。

扫码领取表格，见数字资源 10-7

数字资源 10-7

项目二 果冻类休闲食品的加工制作

任务一 制作传统果冻

实训目标

1. 应知果冻凝胶原理。
2. 应会典型传统果冻的配方设计。
3. 应会典型传统果冻产品的制作。
4. 应会对传统果冻进行质量管理与控制。

实训流程

接收工单→配方设计→准备工作→实施操作→产品评定→总结评价。

扫码领取表格，见数字资源 10-8。

数字资源 10-8

流程 1 接收工单

序号：________ 日期：________ 项目：________

品名	规格	数量	完成时间
______果冻	______g	______/组	2 学时
附记	根据实际条件自行设计产品规格及数量		

流程 2 配方设计

1. 参考配方

扫码领取几种常见的果冻制品的参考配方。

见数字资源 10-9。

数字资源 10-9

2. 配方设计表

通过对工单解读、查阅资料等，设计选做果冻的配方，并填写到下表中。

______ 果冻配方设计表

序号	材料	用量	序号	材料	用量
1			6		
2			7		
3			8		
4			9		
5			10		

流程 3 准备工作

通过对工单解读，结合设计的产品配方需求，将果冻加工所需的设备和原辅料填入下面表格中。

______ 果冻加工所需设备

序号	设备名称	规格	序号	设备名称	规格
1			6		
2			7		
3			8		
4			9		
5			10		

______ 果冻加工所需原辅料

序号	原辅料名称	规格	序号	原辅料名称	规格
1			6		
2			7		
3			8		
4			9		
5			10		

流程 4 实施操作

一、工艺流程

果肉型果冻：原料挑选→去皮、破碎→榨汁→过滤→调配→杀菌→灌装→冷却→成品。

果汁型果冻：预处理→过滤→调配→混合→浓缩→充填、封口→杀菌→检验→成品。

二、操作要点

1. 果肉型果冻

（1）原料挑选、清洗　剔除病虫果、未熟果、碰伤果、破裂果和腐烂果等不合格果实及枝、叶、草等杂物，然后洗涤清除果蔬原料表面的泥沙、尘土、虫卵、农药残留，减少微生物污染。

（2）去皮、破碎　机械或手工去皮后，将果实破碎，进行榨汁。

（3）榨汁、过滤　手工或机械榨汁后测定果汁的糖、酸含量及pH值等理化指标。榨取的汁液应先经粗滤，以去除汁中分散和悬浮的粗大果肉颗粒、果皮碎屑、纤维素和其他杂质。粗滤常用筛滤法，用不锈钢平筛、回转筛或振动筛，筛网孔径40～100目（0.50～0.25mm）。也可用滤布（尼龙、纤维、棉布）粗滤。

（4）调配　根据配方加入配料，用纯净水补至100%，搅拌均匀，调配好的料液pH值为3.0～3.5；调配顺序：糖的溶解与过滤→加果蔬汁→调整糖酸比→加稳定剂、增稠剂→加色素→加香精→搅拌、均质。

（5）杀菌　普遍采用（93±2）℃、保持15～30s的高温短时杀菌工艺，特殊情况时采用120℃以上温度、保持3～10s的超高温瞬时杀菌工艺。

（6）灌装、冷却　把混合杀菌后的汁液注入包装盒内，封口。立即放入冰箱中冷却。

（7）检验　按产品技术要求进行检验，合格者即为成品。

2. 果汁型果冻

（1）预处理　水果清洗、切分、热烫、榨汁。

（2）过滤　分别以50目、200目纱布过滤。

（3）配料

卡拉胶液的制备：先将卡拉胶与等量的白砂糖混合，然后用50～100倍的热水进行溶解，同时加以搅拌，直至得到透明的黏胶液。

琼脂液的制备：先用50℃温水浸泡软化，洗净杂质，然后加水（水∶琼脂为80∶1），再加热溶解。

（4）混合　按产品配方，将果汁、白砂糖、柠檬酸、色素、水进行混合，同时调整pH值为3.0～3.5。

（5）浓缩　将混合料加入不锈钢锅内，加热浓缩15～20min，当可溶性固形物浓度达68%以上时，按配方迅速加入卡拉胶液和琼脂液，待温度升至105℃左右出锅。出锅后迅速加入香精，并搅拌均匀。

（6）充填、封口　采用果冻自动充填封口机进行，塑料杯的规格为16～50mL。

（7）杀菌　采用巴氏灭菌，温度80～85℃，时间10～15min。灭菌后用冷水喷淋，使果冻表面迅速冷却至35℃左右（凝胶温度），最后用50℃左右的热风吹干。

（8）检验　按产品技术要求进行检验，合格者即为成品。

数字资源 10-10

流程5　产品评价

1. 产品质量标准

扫码领取表格，见数字资源10-10。

2. 产品感官评价

查阅相关标准，对制作的果冻进行感官评价，并填写下表。

项目	感官评价
形态	
色泽	
滋味和气味	
口感	
杂质	
评价人员签字	

流程 6　总结评价

1. 请扫码领取表格，并填写有关安全注意事项及防护措施等。见数字资源 10-11。

2. 请扫码领取表格，并填写相关内容，对本项目进行总结评价。见数字资源 10-12。

数字资源 10-11

数字资源 10-12

任务二　探索制作创意果冻类休闲食品（拓展模块）

实训目标

1. 应知果冻类休闲食品的研发流程。
2. 应能激发自我的创新意识。
3. 应能培养塑造自我的创新思维。
4. 应有产品开发和独立创新能力。
5. 应会研制新果冻类休闲食品。

实训流程

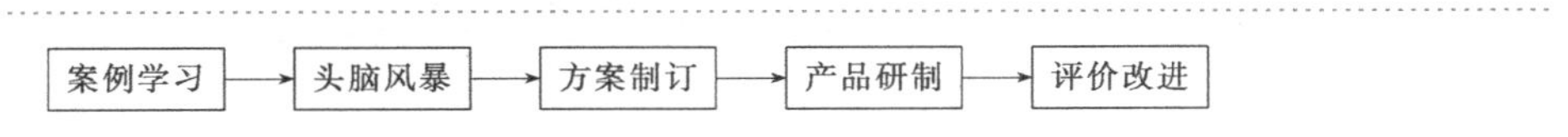

流程 1 创意果冻类休闲食品案例学习

以小组为单位，自主检索、调研学习创意果冻类休闲食品，包括市场上的创意产品、相关比赛的创意产品、自主研发的创意产品等，至少列举 2 个案例，并汇报说明创意。

流程 2 小组进行果冻类休闲食品创意设计的头脑风暴

以小组为单位，对果冻类休闲食品的创意设计进行头脑风暴、讨论分析，形成一个可行的创意产品，小组选择一人做简要的汇报。

数字资源 10-13

流程 3 创意果冻类休闲食品的产品方案制订

扫码领取方案制订模板并填写，制订方案。

见数字资源 10-13。

流程 4 创意果冻类休闲食品的研发制作

完成创意果冻类休闲食品的研发设计与制作。

数字资源 10-14

流程 5 创意果冻类休闲食品的评价改进

以小组为单位提交创意果冻类休闲食品的制作视频、产品展示说明卡、产品实物，按照评分表进行综合性评价，具体包括自评、小组评价、教师评价，提出产品的改进方向或措施。

扫码领取表格见数字资源 10-14。

项目三 模块作业与测试

一、实训报告

项目名称：______________________　　　　日期：____年__月__日

原辅料	质量/g	制作工艺流程
仪器设备		
名称	数量	
过程展示(实操过程图及说明等)		

续表

样品品评记录	
样品概述	
样品评价	
品评人： 日期：	
总结（总结不足并提出纠正措施、注意事项、实训心得等）	
反馈意见：	
纠正措施：	
注意事项：	

二、模块测试

扫码领取试题，见数字资源 10-15。

数字资源 10-15

拓展阅读

百年古早味，非遗石花膏

石花膏，是福建闽南人所钟爱的一道清凉解暑的风味小吃，其制作技艺历史悠久。自古以来，沿海的闽南人就以“耕海为田”的方式生产生活。早在明代以前，他们就熟练掌握了熬制、凝冻、食用石花菜的方法。后来逐渐衍化形成“六晒六泡”的独特制作技艺。

石花膏的主要原料石花菜，是生长在海底中潮和低潮的礁石上的一种可食用海藻。藻体平卧，有不规则的叉状分支，形状看上去也颇似珊瑚。据中药典籍记载：石花全藻皆可药用，具有润肺化痰、清热软坚之功能，能治痰结、瘿瘤、肠炎、痔疮、支气管炎等疾病。石花膏大多为纯手工制作，先用大锅熬制石花菜，后用纱布过滤，冷却后自然凝固像果冻，透亮清澈，食用时可加入蜜水、糖水。天热食之可清凉降火气。之后，人们又在传统工艺基础上，按现代饮食的要求加以改良，以银耳、绿豆、红豆、仙草蜜等为配料，进行多种组合，增加花色品种。通常一碗石花膏加三种配料，便称为“四果汤”。

闽南石花膏原料独特，制作工序繁复，历经世代的传承与积累，形成了成熟的制作技艺。千百年来这种经验技艺以口传心授、师徒相延的方式代代相传，并不断创新和发展。如今，石花膏已成为闽南特色饮品的重要组成之一，其制作技艺映射着福建海洋文化、商埠文化和侨乡文化，具有独特技艺的传承价值、生产技艺的商品价值以及多元融合的见证价值。

参考文献

［1］ 杨照军．喜之郎生产运作管理中存在的问题与对策［D］．北京：中国农业大学，2017．

［2］ 刘光铨，江南生．果品加工工艺技术［M］．昆明：云南科学技术出版社，1995．

［3］ 侯团伟，张虹，毕艳兰，等．食品胶体的凝胶机理及协同作用研究进展［J］．食品科学，2014（23）：347-353．

［4］ 王佳莹，洪鹏，张珍珍，等．低熔点琼脂制备果冻的研究［J］．中国食品添加剂，2017（12）：136-142．

［5］ 王素娟．食品胶体的凝胶机理及协同作用研究进展［J］．产业与科技论坛，2018（2）：59-60．

［6］ 陈仲初．晋江文史资料　第二十三辑晋江风物专辑［M］．北京：国际文化出版公司，2001．

［7］ 欧荔，中共厦门市委宣传部，厦门市社会科学界联合会．闽台民间传统饮食文化遗产资源调查［M］．厦门：厦门大学出版社，2014．

［8］ 泉州石花膏［EB/OL］．鲤城区人民政府，2024-01-02．

模块十一 海洋类休闲食品加工技术

【课程思政】 蓝色粮仓，向海洋要食物

课前问一问

1. 请列举三种以上你常吃的海洋类休闲食品，并说明选择的理由。
2. 请分析海洋类休闲食品的营养价值。

海洋是高质量发展的战略要地，党的二十大报告作出“发展海洋经济，保护海洋生态环境，加快建设海洋强国”的战略部署。海洋空间广阔，蕴含资源丰富，海洋生物种类占地球物种的80%以上，可为人类提供15%的蛋白质食物来源，为人类提供食物的能力相当于全世界所有耕地提供食物能力的1000倍。因此，我们应立足大食物观，既向陆地要食物，更要向海洋要食物，耕海牧渔，建设“海上牧场”“蓝色粮仓”。

我国拥有大陆海岸线18000千米，所管辖海域水体营养丰富、生物种类多样，已记录有2万多种海洋生物，隶属5个生物界，44个生物门，约占世界海洋生物总种数的10%，可谓“海洋大国”。海洋水产品为人类提供了丰富的蛋白质、多糖、脂肪酸和微量元素等，是营养价值较高的优质食物资源等。

我国是渔业大国，目前，在相关政策带动下，各地建设海洋牧场积极性空前高涨，全国已建成海洋牧场300多个，投放鱼礁超过5000万立方米，用海面积超过3000平方千米。海洋牧场建设已初具规模，生态效益逐渐显现，经济、社会效益亦日益凸显。

新征程上，建强“蓝色粮仓”，更好地满足人民群众日益多元化、健康化、个性化的食物消费需求，应该统筹抓好生产发展和生态建设，科学把握推进海洋食品高质量发展的实践路径。当代青年学子作为未来蓝色粮仓建设的主力军之一，在开展专业学习的同时，应同时树立以下三个意识：一是要树立以海洋种业技术为核心的意识，才能更好助力实现海洋资源品种多样化供给；二是要树立坚持生态优先、绿色发展的意识，才能保障资源可持续开发；三是要树立以科技创新为支撑的意识，才能引领海洋类食品加工业的高质量发展。

课后做一做

1. 查阅文献资料，了解“蓝色粮仓”的建设情况，并选择一个具体案例进行展示。
2. 立足专业，谈谈如何践行大食物观，服务“蓝色粮仓”建设。

项目一 海洋类休闲食品生产基础知识

任务一 了解海洋类休闲食品前沿动态

学习目标

1. 应知海洋类休闲食品的市场动态。
2. 应具备开展海洋类休闲食品调研的能力。
3. 应具备团队合作、沟通协调的能力。

任务流程

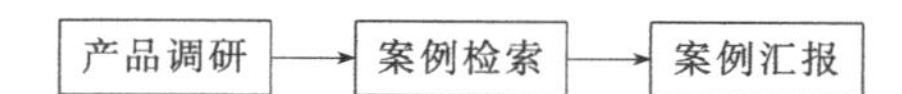

流程 1 调研海洋类休闲食品的相关信息

通过以下途径调研查阅相关信息，记录并整理结果。

1. 联系生活，说说你日常吃的海洋类休闲食品有哪些。
2. 网络检索，查查日常生活中海洋类休闲食品有哪些。
3. 阅读资料，看看海洋类休闲食品可以具体分为哪几类。

流程 2 搜索海洋类休闲食品的创新案例

在网络资源和图书中查找海洋类休闲食品的创新产品案例，写下拟订作为汇报材料的案例名称，并谈谈该案例对海洋类休闲食品研发的借鉴意义。

数字资源 11-1

扫码领取表格，见数字资源 11-1。

流程 3　制作并汇报海洋类休闲食品的创新案例

分组讨论海洋类休闲食品的创新案例，按“是什么、创新点、怎么看、如何做”整理撰写形成 PPT 或海报或演讲稿等，安排专人汇报，听取同学们建议后进行改进，并提交作业。

案例名称	
创新点	
怎么看待产品的创新点	
该类产品你会如何设计	

任务二　学习海洋类休闲食品生产基础知识

学习目标

1. 应知海洋类休闲食品原料的加工特性。
2. 应知海洋类休闲食品常用的加工方法和加工设备。
3. 应会正确选择海洋类休闲食品的生产技术。

任务流程

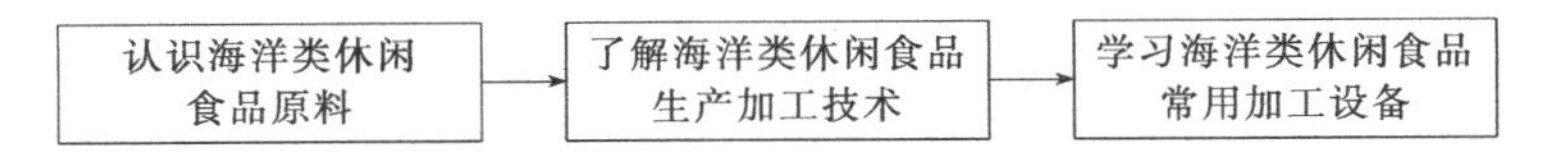

流程 1　认识海洋类休闲食品原料

问一问

海洋类休闲食品常用的原辅料有怎样的营养价值？

学一学

海洋类休闲食品概述与营养价值

一、概述

海洋类休闲食品根据加工原料的不同，分为三大类：海洋动物类休闲食品、海洋植物类休闲食品和海洋复合类休闲食品。

海洋动物类休闲食品，主要是利用鱼、虾等制作而成的休闲食品。其中鱼类休闲食品常见的有鳕鱼片、红娘鱼片、鳗鱼片、鱼骨酥、鱼仔、香酥小黄鱼、醉鱼、香酥带鱼、即食巴浪鱼、即食鱼皮等；虾类休闲食品常见的有风味小龙虾、半干虾仁、凤尾虾、虾干、椒盐皮皮虾、即食虾皮等；蟹类休闲食品常见的有香辣蟹腿、酥脆小蟹、蟹糊等；贝类休闲食品主要有泥螺、调味蛤蜊、调味扇贝肉、即食牡蛎等；鱿鱼类休闲食品常见的有鱿鱼丝、风琴鱿鱼片、调味鱿鱼片、手撕鱿鱼片等。

海洋植物类休闲食品，主要是指以藻类等海洋植物为原料生产的休闲食品，产品包括即食海苔、即食羊栖菜、即食海木耳、即食裙带菜、即食海带粉、昆布卷等。

海洋复合类休闲食品，一般是指由海洋动植物原料混合或其中的一种与非海洋原料复合生产的休闲食品，主要包括即食鱼丸、鱼豆腐、鱼肉豆干、海带猪肉干、海带酥性饼干、螺旋藻饼干、海带鱼骨复合粉饼干、榄钱牡蛎软罐头、海苔肉松、果仁夹心调味海苔等。

二、营养价值

1. 蛋白质

海洋动物富含蛋白质。海洋动物分为可食和不可食部分，像鱼、虾、贝类的肌肉为可食部分，头、内脏、骨头等一般属于不可食部分。其蛋白质含量与牛肉、半肥瘦的猪肉、羊肉相近，高达60％～90％。海洋动物肌肉蛋白和其他动物蛋白一样，富含人体必需氨基酸，属优质蛋白质食物资源。

2. 海洋功能性油脂

多数海洋生物特别是动物性海洋食物原料的油脂中富含二十碳五烯酸（EPA）、二十二碳六烯酸（DHA）等 ω-3 多不饱和脂肪酸（ω-3 PUFA），具有重要的开发利用价值。ω-3 PUFA 的生物活性包括：保持细胞膜的流动性，以保证细胞正常的生理功能；降低血中胆固醇和甘油三酯水平；降低血液黏稠度，改善血液微循环；提高脑细胞的活性，增强记忆力和思维能力；是合成人体前列腺素和凝血噁烷的前体物质。

3. 海洋功能性多糖类物质

藻类等植物性海洋食物原料中富含各种多糖，这些多糖类物质具有抗凝血、降血脂、消炎、抗病毒等多种生物活性，同时由于其优良的物理性质，还被作为增稠剂、稳定剂、胶凝剂、黏结剂广泛应用于食品、药品、生物材料、化妆品、养殖、农业、纺织等领域。

4. 其他营养成分

海洋食物原料中含有多种人体所需的矿物质，主要有钙、磷、钾、铁、锌等，特别富含硒、镁、碘等多种元素。海洋动物性食物原料中含有丰富的维生素 A 和维生素 D。另外，海洋动物的体表、肌肉、血液和内脏等处不同的颜色，都是由各种不同的色素所构成的，这些色素包括血红素、类胡萝卜素、胆素、黑色素和虾青素等对人体有益的生物活性物质。

做一做

1. 查阅资料，对比分析市场不同热门海洋类休闲食品的营养价值，完成表格的填写。

扫码领取表格，见数字资源 11-2。

数字资源 11-2

2. 查阅资料，总结海洋类休闲食品在加工过程需要注意的原料问题，并以思维导图的形式呈现。

流程 2 了解海洋类休闲食品生产加工技术

问一问

海洋类休闲食品加工常用哪些技术？

学一学

传统海洋食品加工是以减少原料中的营养素损失，提高自然资源有效利用为主要目的，常用的方法是干制、盐制、冻藏、罐藏等。对原料进行初级加工，主要使用的方法有干燥，添加盐分、保鲜剂、防腐剂，气调包装，冷却保鲜，冻结保藏，高温、高压杀菌等，传统水产保藏制品有干制品、腌制品、冷冻品和罐头制品等。现代海洋食品加工则以开发及生产品种繁多、色香味俱全的精深产品，丰富人类物质生活为主要目的，对原料进行深度加工，采用各种现代技术，如超临界萃取技术、微胶囊技术、超高温瞬时杀菌技术、超微粉碎技术、仿生再组织化技术等。下面对常见的现代海洋休闲食品加工技术进行介绍。

1. 仿生再组织化技术

仿生再组织化技术是一种新型海洋食品加工技术，可以提高食品的外观和口感，同时具有高蛋白、低脂、低胆固醇等优点。仿生海洋食品加工的主要原料有低价值的鱼虾类海产品加工下脚料。一般是先将这些原料制成鱼糜类原料，然后配以辅料，再通过食品加工技术制得各类仿生食品。例如，仿生再组织化技术可应用于制造鱼肉仿生制品，如鱼肉干、鱼肉松等。通过模拟鱼肉的微观结构和成分，其具有更长的保质期或较少的过敏原。

2. 超微粉碎技术

超微粉碎是指利用机械或流体动力的方法克服固体内部凝聚力使之破碎，从而将 3mm 以上的物料颗粒粉碎至 10～25μm 的操作技术，超微粉碎的最终产品是超微细粉末，具有良好的溶解性、分散性、吸附性、化学反应活性等。用于超微粉碎的海产品有很多，如螺旋藻、海带、珍珠、龟、鲨鱼软骨等超微粉，与传统加工得到的产品相比，优点比较突出。例如，珍珠粉的传统加工是经过球磨使颗粒度达几百目，若利用气流粉碎机，在−67℃左右的低温和严格的净化气流条件下瞬时粉碎珍珠，可以得到粒径 10μm 以下的超微珍珠粉。此超微珍珠粉，充分保留了珍珠的有效成分，钙含量达到 42%以上，比经传统工艺加工的珍珠粉品质有很大提高。

3. 微胶囊技术

微胶囊技术也称微胶囊造粒技术，是一种发展迅速、工艺先进的食品加工新技术。微胶囊技术能够很好地保护被包裹的物料，使一些敏感的物质不被破坏，能在一定程度上保持色、香、味、性能等不变或少变。其在海产品加工中的应用也比较广泛，主要表现在保健食品加工、水产养殖、水产食品防腐、改善水产食品风味等方面，例如海鲜调味料微胶囊，海鲜调味料是海洋休闲食品中的重要组成部分，但是调味料的香气和味道容易挥发和变化。通过微胶囊技术可以将海鲜调味料包裹在微小的胶囊中，保护其不受外界环境的干扰，延长其香味和味道的持久性。这种微胶囊化的海鲜调味料可以用于制作各种海洋类休闲食品，如海鲜干、海鲜脆片等。

4. 超临界萃取技术

超临界萃取技术是一种高效的分离技术，它的原理是利用超临界流体在临界温度和临界压力以上的特殊性能来实现物质分离、提取和纯化的加工技术。其工艺简单、选择性好、产品纯度高，更重要的是产品不残留对人类及动物有害、污染环境的成分。例如鱼油提取，超临界萃取技术通过将鱼肉与超临界二氧化碳混合，可以有效地将鱼油从鱼肉中分离出来。此技术可以保留鱼油的营养价值，并且避免了使用有机溶剂或热处理等传统提取方法对食品质量的影响。超临界萃取技术还可应用于其他海洋食物成分提取，如膳食纤维、蛋白质、矿物质等，并将其用于制作各种海洋类休闲食品。

做一做

1. 查阅资料，简述一种仿生再组织化食品的制作工艺。

2. 查阅资料，对比不同的海洋类休闲食品加工技术，分析它们的优劣势。

扫码领取表格，见数字资源 11-3。

数字资源 11-3

流程 3　学习海洋类休闲食品常用加工设备

问一问

1. 海洋类休闲食品原料前处理步骤有哪些？

2. 海洋类休闲食品前处理中需要使用哪些设备？

学一学

根据加工工艺流程，海洋类休闲食品常用加工设备可以分为以下几类：

（1）原料处理设备　包括打鳞机、清洗机、切割机、切片机、切丝机、切块机等设备，用于处理各种海鲜和食材，去除杂质和不必要的部分，为后续海洋类休闲食品加工做好准备。

（2）调味设备　包括混合机、喷雾器、腌制池、浸渍机等，用于海洋类休闲食品调味处理。

（3）加工设备　包括油炸机、烟熏机、烘烤机等设备，用于将处理好的原料和食材进行烹调和加工，制作出各种美味的海洋类休闲食品。

（4）脱水干燥设备　包括风干机、真空干燥机等设备，用于将烹饪好的海洋食品进行脱水干燥处理，提高食品的口感和延长保存时间。

（5）杀菌设备　如高温杀菌机、紫外线杀菌器、微波杀菌器等，用于对海洋休闲食品进行杀菌处理。

（6）包装设备　包括食品真空包装机、封口机等设备，用于将脱水好的海洋类休闲食品进行包装和封口，保证食品的卫生和安全，延长食品的保质期。

项目二　海洋类休闲食品的加工制作

任务一　制作海苔

实训目标

1. 应知典型海苔产品的制作工艺流程。
2. 应会对制作海苔的原辅料进行合理的前处理。
3. 应会制作典型的海苔产品。
4. 应会对海苔的制作进行质量管理与控制。

实训流程

接收工单→配方设计→准备工作→实施操作→产品评价→总结评价。

扫码领取表格，见数字资源 11-4。

数字资源 11-4

流程 1　接收工单

序号：________　日期：________　项目：________

品名	规格	数量	完成时间
海苔	____g/袋	____袋/组	4 学时
附记	根据实训条件和教学需求设计规格和数量		

流程 2 配方设计

1. 参考配方

淡干紫菜、调味液（食盐 4%、白糖 4%、味精 1%、鱼汁 75%、虾头汁 10%、海带汁 4%、水 2%）

2. 配方设计表

通过对工单解读、查阅资料等，设计海苔的配方，并填写到下表中。

海苔的配方设计表

序号	材料	用量	序号	材料	用量
1			6		
2			7		
3			8		
4			9		
5			10		

流程 3 准备工作

通过对工单解读，将海苔加工所需的设备和原辅料填入下列表格。

海苔加工所需设备

序号	设备名称	规格	序号	设备名称	规格
1			6		
2			7		
3			8		
4			9		
5			10		

海苔加工所需原辅料

序号	原辅料名称	规格	序号	原辅料名称	规格
1			6		
2			7		
3			8		
4			9		
5			10		

流程 4 实施操作

1. 工艺流程

淡干紫菜→烘烤→调味→二次烘烤→挑选分级→切割与包装。

2. 操作要点

(1) 烘烤 将经一次干燥加工的淡干紫菜放入烘干机的金属输送带上，于 130～150℃烘烤 7～10s，取出后进入下一道调味工序。

(2) 调味 按一定的比例将调味液配制好并进行调味，每片（重 4g）紫菜约吸收 1g 调味液。

(3) 二次烘烤 二次烘烤的目的是延长干紫菜的保藏期，以提高紫菜的品质。可由热风干燥机完成，干燥机的温度一般设定为 4 个阶段，每一阶段有若干级，逐级升温。实际生产时，4 个阶段的温度控制在 40～80℃，烘干时间为 3～4h。经二次烘干后，干紫菜水分含量可由一次烘干时的 10%下降至 3%～5%。

(4) 挑选分级 按照相应的规格要求对二次烘烤过的紫菜进行挑选分级。

(5) 切割与包装 将调味紫菜片切割成 2cm×6cm 的长方形，每小袋装 4～6 片，一张塑料袋一般可压 12 小袋。由于调味紫菜片的水分含量很低，因而极易从空气中吸收水分，所以二次烘干后应立即用塑料袋包装，加入干燥剂后封口，再将小包装袋放入铝膜牛皮纸袋内，封口。

流程 5 产品评价

数字资源 11-5

1. 产品质量标准

扫码领取表格，见数字资源 11-5。

2. 产品感官评价

参照产品质量标准，对制作的海苔进行感官评价。

项目	感官评价
色泽	
滋味和气味	
杂质	
评价人员签字	

流程 6 总结评价

1. 请扫码领取表格，并填写有关安全注意事项及防护措施等。

见数字资源 11-6。

2. 请扫码领取表格，并填写相关内容，对本项目进行总结评价。

见数字资源 11-7。

数字资源 11-6

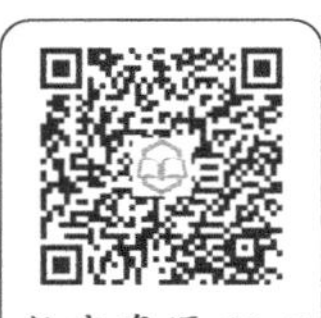

数字资源 11-7

任务二　制作烤鱼片

实训目标

1. 应知烤鱼片的制作工艺。
2. 应会对烤鱼片进行合理的前处理。
3. 应会对烤鱼片制作进行质量管理与控制。

实训流程

接收工单→配方设计→准备工作→实施操作→产品评价→总结评价。

扫码领取表格，见数字资源11-8。

数字资源11-8

流程1　接收工单

序号：__________　日期：__________　项目：__________

品名	规格	数量	完成时间
烤鱼片	______g/份	______份	4学时
附记	根据实训条件和教学需求设计规格和数量		

流程2　配方设计

1. 参考配方

新鲜鱼10kg、白砂糖0.6kg、精盐0.18kg、味精0.12kg、山梨糖醇0.12kg。

2. 配方设计表

通过对工单解读、查阅资料等，设计烤鱼片的配方，并填写到下表中。

烤鱼片配方设计表格

序号	材料	用量	序号	材料	用量
1			6		
2			7		
3			8		
4			9		
5			10		

流程 3 准备工作

通过对工单解读，将烤鱼片加工所需的设备和原辅料填入下列表格。

烤鱼片加工所需设备

序号	设备名称	规格	序号	设备名称	规格
1			6		
2			7		
3			8		
4			9		
5			10		

烤鱼片加工所需原辅料

序号	原辅料名称	规格	序号	原辅料名称	规格
1			6		
2			7		
3			8		
4			9		
5			10		

流程 4 实施操作

1. 工艺流程

原料→清洗→“三去”处理（去头、去皮或鳞、去内脏）→清洗→剖片→漂洗、沥水→调味→摊片→烘干→揭片（半成品）→回潮→烘烤→轧松→冷却→称重包装。

2. 操作要点

(1) 原料 采用鲜度良好的新鲜或冷冻鱼，冷冻鱼需解冻。

(2) 清洗、剖片 选择好原料以后，首先将鱼进行去头、去皮、去内脏、清洗等预处理。然后剖片取肉。

(3) 漂洗、沥水 将取好的肉片放在20℃以下的流水中冲洗60min左右，以去除污物等。漂洗后沥水10～15min。

(4) 调味 按称取配方质量漂洗沥水的鱼片，并按照配方比例放入调料，一般包括精盐、白砂糖、味精。加水拌匀，使调味料均匀地分布于鱼片表面。确保在20℃以下渗透1h左右。

(5) 摊片、烘干 将调味鱼片放在紧绷的尼龙架上，紧密排列整齐，放至烘干房烘干，烘干温度控制在36～43℃（具体温度根据干燥状态而定），烘至鱼片水分在20%左右为宜。

(6) 揭片 将达到要求的鱼片进行冷却处理，冷却至室温后揭片。操作过程中注意保持鱼片完整性。

(7) 回潮 一般回潮方式如下：将上述经过烘干后的鱼片迅速蘸取少许水分（或采取喷淋的方式），让鱼片吸水回潮，回潮温度为20～25℃，回潮时间约为1h，以表面无水珠为宜。回潮具体时间根据温度综合考虑，最终水分含量控制在24%～25%。

(8) 烘烤　将含水量为24%～25%的回潮鱼片放置在烤炉内，并紧密排列。此阶段为高温烘烤，除熟制鱼片外，还具有杀菌作用，其条件为240～250℃、3min左右。烘烤后的鱼片表面呈金黄色，有韧性，并有烤鱼片所特有的香气和滋味。

(9) 轧松　经过烘烤的鱼片，采用轧松机轧松。

(10) 称重包装　根据产品类型及设备情况，进行不同形式的包装。

流程5　产品评价

数字资源11-9

1. 产品质量标准

扫码领取表格，见数字资源11-9。

2. 产品感官评价

参照产品质量标准，对制作的烤鱼片进行感官评价。

项目	感官评价
形态	
色泽	
口感	
杂质	
评价人员签字	

流程6　总结评价

1. 请扫码领取表格，并填写有关安全注意事项及防护措施等。

见数字资源11-10。

2. 请扫码领取表格，并填写相关内容，对本项目进行总结评价。

见数字资源11-11。

数字资源11-10

数字资源11-11

任务三　制作鱼糕

实训目标

1. 应知鱼糕的制作工艺。
2. 应会鱼糕的制作。
3. 应会对鱼糕制作进行质量管理与控制。

实训流程

接收工单→配方设计→准备工作→实施操作→产品评价→总结评价。

扫码领取表格，见数字资源 11-12。

数字资源 11-12

流程 1　接收工单

序号：__________　日期：__________　项目：______________________________

品名	规格	数量	完成时间
鱼糕	______g/份	______份	4 学时
附记	根据实训条件和教学需求设计规格和数量		

流程 2　配方设计

1. 参考配方

马鲛鱼（或海鳗鱼）鱼肉 10kg、玉米淀粉 3.7kg、肥猪肉 5kg、蛋清 3.5kg、姜 0.3kg、蒜 0.4kg、味精 0.1kg、食盐 0.6kg、水 2.5kg、鸡精适量、糖适量。

2. 配方设计表

通过对工单解读、查阅资料等，设计鱼糕的配方，并填写到下表中。

鱼糕配方设计表格

序号	材料	用量	序号	材料	用量
1			6		
2			7		
3			8		
4			9		
5			10		

流程 3 准备工作

通过对工单解读，将鱼糕加工所需的设备和原辅料填入下列表格。

鱼糕加工所需设备

序号	设备名称	规格	序号	设备名称	规格
1			6		
2			7		
3			8		
4			9		
5			10		

鱼糕加工所需原辅料

序号	原辅料名称	规格	序号	原辅料名称	规格
1			6		
2			7		
3			8		
4			9		
5			10		

流程 4 实施操作

1. 一般工艺流程

鲜鱼→“三去”处理（去头、去皮、去内脏)→漂洗→脱水→擂溃（斩拌)→调配（淀粉、蛋清、食盐、鸡精、味精、糖)→成型→蒸煮→冷却→切块→包装

2. 操作要点

(1) 原料的选择　鱼糕属于较高级的鱼糜制品，对弹性、色泽的要求较高，因此作为鱼糕生产用的原料应新鲜、含脂量少。

(2) 前处理　鱼在经过“三去”处理（去头、去皮、去内脏）之后所采下肉的漂洗环节，一般用清水漂洗 3 次。

(3) 擂溃　擂溃对确保鱼糕良好弹性尤为重要。擂溃的方法分空擂、盐擂、拌擂，空擂即按配方比例称取鱼肉，置于擂溃机内，先不加配料开动擂溃机一定时间，以破坏鱼肉细胞纤维，擂溃时间一般为 20～30min。

(4) 调配　在调配时将淀粉、鸡蛋、食盐、鸡精、味精、糖等充分搅拌均匀。

(5) 成型　小规模生产时，用刀具手工成型。

(6) 蒸煮　一般蒸煮加热温度在 95～100℃，中心温度达 75℃ 以上。加热时间对鱼糕制品的口感有显著影响，一般为 20～30min。

(7) 冷却　蒸煮完成后的鱼糕应立即放在冷水（10～15℃）中迅速冷却，目的是使鱼糕吸收加热时失去的水分，在无内包装时还可防止表面蒸汽逸散而发生皱皮和褐变等，由此可弥补因水分蒸发所减少的质量，使得鱼糕表面柔软有光滑感。

(8) 包装　完全放冷的鱼糕需外包装，如果没有内包装的应真空包装后灭菌。在外包装

前应将每块鱼糕浸入液体防腐剂中，无须停留即可捞出，进行表面防腐，再用自动包装机进行符合卫生的包装后即为成品。

(9) 冷藏　一般制好的鱼糕在常温下（15～20℃）可放3～5d，在冷库中可放20～30d。

流程5　产品评价

数字资源 11-13

1. 产品质量标准

扫码领取表格，见数字资源11-13。

2. 产品感官评价

查阅产品质量标准，对制作的鱼糕进行感官评价。

项目	感官评价
组织形态	
色泽	
口感	
杂质	
评价人员签字	

流程6　总结评价

1. 请扫码领取表格，并填写有关安全注意事项及防护措施等。

见数字资源11-14。

2. 请扫码领取表格，并填写相关内容，对本项目进行总结评价。

见数字资源11-15。

数字资源 11-14

数字资源 11-15

任务四　制作即食鱿鱼丝

实训目标

1. 应知即食鱿鱼丝的制作工艺流程。

2. 应会即食鱿鱼丝的制作。
3. 应会对即食鱿鱼丝制作进行质量管理与控制。

实训流程

接收工单→配方设计→准备工作→实施操作→产品评价→总结评价。
扫码领取表格，见数字资源 11-16。

流程 1 接收工单

序号：________ 日期：________ 项目：________

品名	规格	数量	完成时间
即食鱿鱼丝	______g/份	______份	4 学时
附记	根据实训条件和教学需求设计规格和数量		

流程 2 配方设计

1. 参考配方

新鲜鱿鱼肉 10kg、食盐 2kg、白砂糖 0.6kg、姜汁 0.1kg、味精 0.1kg。

2. 配方设计表

通过对工单解读、查阅资料等，设计即食鱿鱼丝的配方，并填写到下表中。

即食鱿鱼丝配方设计表

序号	材料	用量	序号	材料	用量
1			6		
2			7		
3			8		
4			9		
5			10		

流程 3 准备工作

通过对工单解读，将即食鱿鱼丝加工所需的设备和原辅料填入下列表格。

即食鱿鱼丝加工所需设备

序号	设备名称	规格	序号	设备名称	规格
1			6		
2			7		
3			8		
4			9		
5			10		

即食鱿鱼丝加工所需原辅料

序号	原辅料名称	规格	序号	原辅料名称	规格
1			6		
2			7		
3			8		
4			9		
5			10		

流程 4　实施操作

1. 工艺流程

原料→“三去”处理→清洗、脱皮→蒸煮→冷却→清洗→调味→摊片→烘干→冷冻→解冻、调 pH 值→焙烤→压片、拉丝→调味、渗透→干燥→称量、包装→成品。

2. 操作要点

(1) 原料　选取新鲜鱿鱼或解冻后的冷冻鱿鱼为原料，同时剔除一些鲜度差、不完整及有严重机械伤的鱿鱼。

(2)“三去”处理（去头、去内脏、去软骨）　在鱼体背部沿着软骨方向纵切一刀，剖开背部，去除头、内脏和软骨，注意不要将墨囊中的墨汁粘到鱿鱼肉上。

(3) 清洗、脱皮　用流动清水将去头、去软骨、去内脏的鱿鱼冲洗干净。沥水后脱皮，脱皮的方法主要有两种：机械法和蛋白酶法。前者采用机械脱皮机处理，将经上述处理的带皮鱿鱼肉放入脱皮机中，在搅拌下用自来水清洗数次，接着用热水快速调节水温至 50℃左右，在机器搅拌下自动脱皮，待鱿鱼皮完全脱净，则迅速用自来水冷却至室温；后者则加入定量蛋白酶液浸泡使皮肉松散，然后手工脱皮。两种方法各有优缺点，可根据实际情况选择合适的方法。

(4) 蒸煮　脱皮后的鱿鱼肉片立即送入蒸煮机中蒸煮。蒸煮温度与时间因鱼体的大小而异，一般真鱿控制在 75～80℃、3～5min，紫鱿控制在 85～90℃、3～5min，蒸煮程度以肉片熟透为度。

(5) 冷却　把蒸煮好的鱿鱼胴体用流水冲洗，进行初步降温，降到一定程度后再放入滚筒式的冰水槽内冷却，使其温度控制在 10℃左右。

(6) 清洗　用流动清水将处理过的鱿鱼胴体冲洗干净并沥干。

(7) 调味　按照特定的配方制备调味液（或自行设计调味液配方），根据确定的配方要求，按比例加入各种调味料，充分搅拌，使调味料均匀分布在鱼肉上并不断溶解。然后在

10℃左右的渗透室放置 10～15h，根据生产实际情况，一般放置一夜，以利于调味料渗入鱼肉内部。对片形严重不平整的鱼肉，宜拉直、压平、叠放。

(8) 摊片　将入味的鱿鱼胴体整齐摆放于烘干架上，为烘干做准备。

(9) 烘干　分为两个阶段烘干，温度和时间分别为 35℃、7～8h 和 30℃、12h，其目的是烘干均匀，最终含水量控制在 45%～50%为宜。

(10) 冷冻　在－18℃的条件下将鱿鱼胴体进行冷冻过夜处理，目的是使其水分和调味液平衡。

(11) 解冻、调 pH 值　在室温条件下将经过冷冻过夜的鱿鱼解冻，并调节 pH 值为中性，然后沥干水分备用。

(12) 焙烤　采用电加热方式进行焙烤，温度控制在 90～120℃，时间为 4～8min，此时鱿鱼片的含水量大约在 30%。

(13) 压片、拉丝　将焙烤后的鱿鱼片放入压片机内进行压片。将鱿鱼片轧松后放入拉丝机进行拉丝处理。

(14) 调味、渗透　拉好的鱿鱼丝中加入盐、糖、淀粉等调味料后，搅拌均匀，然后放置过夜，使调味料充分浸入鱿鱼丝中。

(15) 干燥　经过调味和渗透处理的鱿鱼丝应放入干燥机中进行干燥处理，去除多余的水分，使其达到最佳口感，此时产品的含水量一般控制在 22%～28%的范围内。

(16) 称量、包装　按照产品规格和类型进行称量包装，注意在包装过程中保证无菌。

流程 5　产品评价

数字资源 11-17

1. 产品质量标准

扫码领取表格，见数字资源 11-17。

2. 产品感官评价

参照产品质量标准，对制作的即食鱿鱼丝进行感官评价。

项目	感官评价
形态	
色泽	
滋味和气味	
口感	
杂质	
评价人员签字	

流程 6 总结评价

1. 请扫码领取表格，并填写有关安全注意事项及防护措施等。

见数字资源 11-18。

2. 请扫码领取表格，并填写相关内容，对本项目进行总结评价。

见数字资源 11-19。

数字资源 11-18

数字资源 11-19

任务五 探索制作创意海洋类休闲食品（拓展模块）

实训目标

1. 应知海洋类休闲食品的研发流程。
2. 应能激发自我的创新意识。
3. 应能培养塑造自我的创新思维。
4. 应有产品开发和独立创新的能力。
5. 应会研制创新类休闲食品。

实训流程

流程 1 创意海洋类休闲食品案例学习

以小组为单位，自主检索、调研学习创意海洋类休闲食品，包括市场上的创意产品、相关比赛的创意产品、自主研发的创意产品等，并汇报学习心得。

流程 2 小组进行海洋类休闲食品创意设计的头脑风暴

以小组为单位，对海洋类休闲食品的创意设计进行头脑风暴、讨论分析，形成一个可行的创意产品，小组选择一人做简要的汇报。

流程 3 创意海洋类休闲食品的产品方案制订

扫码领取方案制订模板并填写，制订方案。

见数字资源 11-20。

数字资源 11-20

流程 4　创意海洋类休闲食品的研发制作

完成创意海洋类休闲食品的研发设计与制作。

流程 5　创意海洋类休闲食品的评价与改进

数字资源 11-21

以小组为单位提交创意海洋类休闲食品的制作视频、产品展示说明卡、产品实物，按照评分表进行综合性评价，具体包括自评、小组评价、教师评价，提出产品的改进方向或措施。

扫码领取表格，见数字资源 11-21。

项目三　模块作业与测试

一、实训报告

项目名称：＿＿＿＿＿＿＿＿＿＿＿＿　　日期：＿＿年＿月＿日

原辅料	质量/g	制作工艺流程
仪器设备		
名称	数量	

过程展示(实操过程图及说明等)

续表

样品品评记录	
样品概述	
样品评价	
品评人：	日期：
总结(总结不足并提出纠正措施、注意事项、实训心得等)	
反馈意见：	
纠正措施：	
注意事项：	

二、模块测试

扫码领取试题，见数字资源 11-22。

数字资源 11-22

拓展阅读

海洋生物活性物质

海洋生物活性物质的研究与应用已是当今世界生物技术领域的热点之一。海洋生物活性物质是指从海洋生物体内提取的含有生物活性的物质，它们具有一定的化学活性、生物学活性和药理学活性，包括蛋白质、多糖、脂质、生物碱、植物酸、不饱和脂肪酸、萜类、甾醇等，其功能为调节免疫、抗菌、抗氧化、抗肿瘤、抗病毒、降血脂、降血糖等。

海洋生物活性物质被广泛应用于食品、医药、保健品、化妆品等领域。在海洋生物资源开发的过程中，许多含有活性物质的海洋生物被发现并研究，例如，从牡蛎体内提取的多肽可以抑制肠道内有害菌增殖，促进益生菌繁殖，牡蛎多肽对维持疲劳小鼠菌群生态平衡具有积极作用。从海洋微生物中分离出的生物碱可以抑制多种病原微生物。从海藻、海带及蛋白核小球藻提取的多糖类物质，具有清除自由基、抗衰老等作用。海洋鱼类的生物活性物质含有丰富的蛋白质、脂肪酸、微量元素等，在开发功能性小分子肽方面具有极大的前景。同时，海洋生物活性物质的开发与应用也面临着诸多挑战。例如，海洋生物活性物质的获取和提取难度大，成本高。此外，海洋生物活性物质的开发同时存在着资源稀缺及生态环境破坏的问题。因此，海洋生物活性物质的开发与应用需从生态保护及可持续发展等多方面综合考虑。

海洋生物活性物质具有广阔的应用前景与经济价值，未来需以绿水青山就是金山银山的理念，推动海洋生物活性物质的开发与应用，促进海洋经济可持续发展。

参考文献

[1] 朱蓓薇．聚焦营养与健康，创新发展海洋食品产业［J］．轻工学报，2017，32（1）：1-6.
[2] 张大为，张洁．海洋食品加工应用技术［M］．青岛：中国海洋大学出版社，2018.
[3] 严泽湘．休闲食品加工大全［M］．北京：化学工业出版社，2016.11.
[4] 米顺利，王海军，周克坚．海洋休闲食品发展概述［J］．轻工科技，2018，34（04）：31-32，38.
[5] 张向会．罐头食品的加工工艺探究［J］．新型工业化，2020，10（12）：101-102.

休闲食品创新设计

任务一　食品创新设计

学习目标

1. 应知食品创新设计流程。
2. 应能根据不同需求创新设计新产品。
3. 应有创新意识、创新精神、创新能力。

任务流程

认识食品创新 → 新食品创新设计 → 创新设计案例分析

流程1　认识食品创新

问一问

请举例3款市场最新流行的休闲食品并说说其创意点。

1. 新产品创意的周期

所有食品都有一个共有的不可回避的本质属性，就是生命周期。食品的生命周期是新的食品从进入市场到被市场淘汰的整个过程，食品的销售额在生命周期的变化规律呈标准的S形曲线，总共分为四个时期。

第一个时期为导入期，这个时期需要大量的市场需求调研，食品卖点也在这个时间确定。导入期也有人把它称为教育期，因为这个时期需要较为专业的销售人员，为消费者宣传食品的功能、优点、特性等，特别要做好消费者对食品的认知体验。食品刚上市时顾客对食品还不太了解，销售量很低，又需要有大量的促销费用，对食品进行宣传。在这个阶段产品生产量低，因此成本高，销售额增长缓慢，企业不但得不到利润，反而可能亏损，这个时候食品的利润是最小的。

第二个时期为成长期，此时顾客对食品已经熟悉了，大量的新顾客开始购买新产品，市场逐步扩大，生产量提高，生产成本也相应降低，企业的销售额迅速上升，利润也快速上升。但渐渐地竞争者看到经济利益，纷纷进入市场，同类食品的供应量增加，价格随之下降，仿制品也会快速出现，来瓜分市场。企业利润的增长速度会逐渐降低，最后达到企业生命周期利润的最高点。

第三个时期为成熟期，这个时候市场趋于饱和，潜在的客户已经很少，销售额增长缓慢，甚至下降，这标志着食品进入了成熟期。此时，食品销量最大，同时随着技术的更新，其他更好的产品将会诞生，导致竞争加剧，或者是消费者的需求开始分化，企业的利润下降。

最后不可避免会进入第四个时期——衰退期。随着科学技术的发展，新食品和新替代品的出现，使消费者的消费习惯发生改变，转向其他的食品，从而使原来的食品销售额和利润迅速下降，就像人类的生命周期一样，生老病死，食品也会逐渐被市场淘汰。

2. 新品推出时间

在食品生命周期的循环当中，成长期最适合推出新品。因为新食品在推出市场之后，就要立即根据市场的反馈，改进食品，增减食品线，或者是研发新的食品。同时对于企业来说，不管哪个部门都想要延长成熟期，成熟期的长短受到外界的影响较多。比如技术的更新、竞争的激烈程度、消费者的兴趣转移等。但是可以通过提高对消费者的服务，同时采取适当的技术和包装的变化，来保持消费者对食品的兴趣和热情。

学习食品生命周期理论，它的优点是能够提供一套实用的营销规划的观点，它将食品分成不同的策略时期，营销人员可以针对各个阶段不同的特点，而采取不同的营销组合策略。此外，食品的生命周期只考虑销售和时间两个变数，简单易懂，但这个理论也是有一些缺点的，如食品的生命周期的各个阶段的起止点的划分标准是不容易确定的。

做一做

1. 分析产品在生命周期的哪个时期利润增长最快。
2. 产品导入期的利润最少，分析其原因。

流程 2 新食品创新设计

读一读

食品的研发流程

1. 配方工艺创新设计

产品开发过程的核心是配方设计和工艺设计。配方设计解决“做什么”的问题，工艺设计解决“怎样做”的问题。配方创新设计，指创造某种新产品的配方，或是对某一新或老产品进行创新设计，配方设计在后续流程重点介绍。工艺创新设计，指设计并采用某种新的加工方法，创造新的工艺过程、工艺参数，也包括改进或革新原有的工艺条件。

2. 质构组合设计

以实现产品的创新为目的，围绕消费者的感受，调整产品组成结构的要素，以不同的质构作为载体，优化组合，使其具有一个更加高效、合理的结构，创造出特殊的体验。如果粒悬浮饮料、气（喷）雾产品，它们是固-液组合、固-气组合、气-液组合的代表。这种组合往往带来陌生的新鲜感，触动消费者心灵的深层，在心里对产品重新定义。

3. 营养声称设计

营养声称是对食品营养特性的描述和声明，陈述、说明食品具有特殊的营养益处，如在食品包装上常看到的“无糖”“低盐”“低糖”“低脂”“高纤维”“高钙”等。科学合理的营养声称，就像插在食品上面的旗帜，高高飘扬，引人注目，并影响顾客的消费选择。

4. 保健功能设计

保健功能设计，是以食品的基本功能为基础，附加上特定功能，使之成为保健食品。这就拉高了一个层次，和一般食品分隔开来。保健声称成为保健食品引导消费的重要工具，但一般食品不能声称保健功能，否则就违法。

5. 趣味化设计

趣味化设计，是通过感官、情感、心理等方面的刺激，调动人体感知系统，突破传统的表达方式，给人们带来截然不同的新奇感受，产生兴奋、满足和美的享受，激发顾客的购买欲。

做一做

自行选择一类休闲食品，从产品思路和角度，设计一款新产品。

流程 3　创新设计案例分析

问一问

你是如何产生创意的？

学一学

产品创新设计包括快消品创新设计、工业产品创新设计等，不同类别的产品在使用场景、工业方向、研发周期方面等不尽相同，但思路和流程可以互相借鉴。某个新上线的新产品往往始于创造或者发现一个新想法，然后捕获或培养这些想法，再选择有潜力的想法，将其建设成型，再对产品进行预实验和正式实验，在过程中进行质疑和改善，直到完成且项目正式启动之后，再对项目进行回顾修改和再完善。简而言之其基本流程为想法→评估→研发→投放市场。

1. 头脑风暴与寻找创意

新产品的产生，常常是来自消费者的需求，而消费者的需求归根结底是人最本质的需求。马斯洛将人的需求分为5个层次，由低到高为生理需求、安全需求、社交需求、尊重需求和自我实现需求。5种需求，其中生理需求和安全需求是较低级的需求，社会需求、尊重需求和自我实现需求则是较高级的需求。高级需求要通过内部使人得到满足，低级需求则主要通过外部使人得到满足。从企业经营消费者满意的战略角度来看，每一个需求层次上的消费者对产品的要求都不一样，不同的产品需要满足不同的需求层次，将营销方法建立在消费者需求的基础上考虑，不同的需求也会产生不同的营销手段。根据马斯洛需求层次理论，对应划分出5个消费者市场。

经济学上说，消费者愿意支付的价格约等于消费者获得的满意度。即同样的产品满足消费者需求层次越高，消费者能接受的产品定价就越高。市场竞争总是越低端越激烈，价格竞争显然是将“需求层次”降到最低。

做一做

1. 请根据马斯洛需求层次理论，举例分析对应典型产品。

扫码领取表格，见数字资源12-1。

2. 请根据马斯洛需求理论某个层次，设计一款新产品。
3. 请从市场吸引力和技术可行性2个方面分析所设计的新产品。
4. 请设计调研问卷，对新产品的相关指标进行调研。

扫码领取，见数字资源12-2。

数字资源12-1

数字资源12-2

2. 从消费者分类设计新产品

新产品的设计有许多的切入点，比如文化创新、技术创新、市场驱动等，其中消费者分类是一个重要切入点。比如在欧洲，健康产品的消费者分为6大类，他们分别为治疗者、信众、投资者、管理者、挣扎者和动机不明者。对于不同的消费者要将产品进行差异化定位，即谁需要这个产品，产品价值是什么，它有什么好处，技术优势及配方的特别之处。以橙汁的产品设计为例：对于治疗者来说可以设计一款针对更年期妇女的橙汁饮料，因为她们可能会出现骨质疏松，在橙汁中加入维生素C和维生素D，并且采用偏医疗性的包装就可以打造一款对骨骼健康的功能性饮料。对于信众，可为他们设计一款通过冷榨技术，更多保留橙子中维生素，采用环保设计，接近自然包装的产品。对于既注重口感又注重营养和健康的投资者，则需要一款来自地中海原产地的百分百橙汁，强调健康与自然平衡。对于工作繁忙的管理者，“能及时补充能量”的宣传和外表好看的包装，就足以吸引他们。对于总是在减肥又难以真正做到的挣扎者，可以额外添加膳食纤维，打造一款具有体重管理倾向的橙汁。对于动机不明者，直接呈现消费场景，橙汁的包装印上派对的欢乐场景，直接告诉他们橙汁的解酒功效，同时进行大分量的包装。同样的橙汁，但因为消费者的不同需求，对配方稍作修改，便产生了不同的产品和效益，这就是产品设计的魅力所在。

做一做

针对消费者的动机和需求设计一款果汁产品。

扫码领取表格，见数字资源 12-3。

数字资源 12-3

任务二 食品配方设计

学习目标

1. 应知食品配方设计步骤。
2. 应能独立完成食品配方设计。

任务流程

熟悉食品配方设计步骤 → 完成食品配方设计

流程 1 熟悉食品配方设计步骤

问一问

食品配方设计的步骤有哪些?

学一学

食品配方设计步骤

优质的产品首先要有科学合理的配方，所以在食品生产加工过程中，食品配方设计占有重要的地位。食品的配方设计是根据产品的工艺条件和性能要求，通过试验、优化和评价，合理选用原辅材料，并确定各种原辅材料用量的配比关系。

食品配方设计一般分为七个步骤：一是主体骨架设计；二是调色设计；三是调香设计；四是调味设计；五是品质改良设计；六是防腐保鲜设计；七是功能性设计。

1. 主体骨架设计

主体骨架设计主要是主体原料的选择和配制，形成食品最初的形态，它是食品配方设计的基础，对整个配方设计起导向作用。食品主体骨架设计是后续设计的载体，全部加工完成之后才能确定食品的最终形态。

食品主体骨架设计中的主体原料是根据各种食品的类别和要求，赋予产品基础骨架的主要成分，体现食品性质和功用。主体原料的选择必须符合的要求：卫生性和安全性、营养和易消化性、贮藏耐运性、美观美味性、方便性和快捷性。

在实际设计过程中，对主体原料的量化通常采用倒推法，先设定主体原料的添加量，在此基础上确定其他辅料的添加量，对于主体原料在食品所占的具体比例，要在最终配方设计完成才能确定，其中对主体原料量化的关键是处理好主体原料与辅料的比例问题。

2. 调色设计

食品讲究色、香、味、形，首先是色。食品的色泽作为食品质量指标越来越受到食品研究开发者、生产厂商和消费者的重视，调色设计在食品加工制造中有着举足轻重的地位。

在调色设计中，食品的着色、发色、护色、褪色是食品加工重点研究内容。食品的调色设计与食品的加工制造工艺和贮运条件密切相关，并受到消费者的嗜好、情绪、传统习惯等主观因素，以及光线、环境等客观环境因素的影响。所以，对食品调色设计要注意以下几点：①使用符合相关规定的着色剂；②根据食品的物性和加工工艺选择适当的食品着色剂，根据食品的形态，选择适当的添加形式；③根据食品的销售地区和民族习惯，选择适当的拼色形式和颜色；④食品的调色方法要严格按照国家对着色剂的规定进行；⑤控制食品加工工艺。

3. 调香设计

所谓调香设计是将芳香物质相互搭配在一起，由于各呈香成分的挥发性不同而呈阶段性挥发，香气类型不断变换，有次序地刺激嗅觉神经，使其处于兴奋状态，避免产生嗅觉疲劳，让人们长久地感受到香气的美妙。食品的调香设计是根据各种香精、香料的特点结合味觉、嗅觉，取得香气和风味之间的平衡，以寻求各种香气之间的和谐美。

食品的调香不仅要有效地、适当地运用食用香精的添加技术，还要掌握食品加工制造和烹调生香的技术。食用香料的使用要点如下：①要明确使用香料的目的；②香料的用量要适当；③食品的香气和味感要协调一致；④要注意香料对食品色泽产生的影响；⑤使用香料的香气不能过于新异。

4. 调味设计

食品的调味设计是在食品生产过程中，通过原料和调味品的科学配制，产生人们喜欢的滋味。调味设计过程及味的整体效果与所选用的原料有密切的关系，还与原料的搭配和加工工艺有关。

在食品调味设计过程中要掌握调味设计的规律，掌握味的增效、味的相乘、味的掩盖、味的转化及味的相互作用，掌握原料的特性，选择最佳时机，运用适合的调味方法，除去异味，突出正味，增进食品香气和美味，才能调制出口味多样、色泽鲜艳、质地优良、营养卫生的风味。

在实际的食品调味设计中，首先要确定调味品的主体香味轮廓，根据原有辅料的香味强度，并考虑加工过程中产生鲜味的因素，在成本范围内确定相应的使用量；其次还要确定香辛料组合的香味平衡，一般来说，主体香味越淡，需要的香辛料越少，并根据香味强度、浓淡程度对主体香味进行修饰。

调味是一项精细而微妙的工作，除了解调味与调料的性质、关系、变化和组合，调味的程序及各种调味方式和调料的使用时间外，调味设计要力求使食品调味做到“浓而不腻”，味要浓厚，不可油腻，既要突出本味，又要除掉原料的异味，还要保持和增强原料的美味，达到“树正味、添滋味、广口味”的效果。

5. 品质改良设计

品质改良是在主体骨架的基础上，为改变食品质构进行的品质改良设计。品质改良设计是通过食品添加剂的复配作用，赋予食品一定的形态和质构，满足食品加工的品质和工艺性能要求。

食品品质改良设计是通过生产工艺进行改良，再有是通过配方设计进行改良，这是食品配方设计的主要内容之一。食品品质改良设计的主要方式主要有增稠设计、乳化设计、水分保持设计、膨松设计、催化设计、氧化设计、抗结设计、消泡设计等。

6. 防腐保鲜设计

经过前面的步骤形成了食品的色、香、味、形，但是这样的产品保质期短，不能实现经济效益最大化，还需要对其进行防腐保鲜设计。

引起食品腐败变质的主要因素包括内在因素和外在因素，外在因素主要是指生物学因素，如空气和土壤中的微生物、害虫等；内在因素主要包括食品自身的酶的作用以及各种理化作用等因素。常见的食品防腐保鲜方法：低温保藏技术、食品干制保藏技术、添加防腐剂、罐藏保藏技术、微波技术、包装技术（真空包装、气调包装、托盘包装、活性包装、抗菌包装）、发酵技术、辐照保藏技术、超声波技术等。

食品的防腐保鲜是一个系统工程，没有任何一种单一的防腐保鲜措施是完美无缺的，必须采用综合防腐保鲜技术，包括栅栏技术、良好操作规范、卫生标准操作程序、危害分析与关键点控制、预测微生物学、食品可追溯体系及其他方面等。

7. 功能性设计

功能设计是在食品基本功能基础上附加特定功能，成为功能性食品。功能性食品按科技含量分类，第一代产品称为强化食品，第二代、第三代产品称为保健食品。食品营养强化是根据不同人群的营养需要，向食品中添加一种或多种营养素或某些天然食物成分的食品添加剂，以提高食品营养价值的过程。

强化食品在制作过程中应注意营养卫生、经济效益等多种因素，并结合各个国家和地区的具体情况进行食品强化。食品营养强化的方法主要有：①在原料或必需的食物中添加；②在加工过程中添加；③在加工最后一道工序中加入。食品强化考虑的因素：①严格执行规定；②功能相对性；③营养均衡与易吸收性；④工艺合理性；⑤经济合理性；⑥食品原有风味的保留率；⑦营养强化剂的保留率。

许多营养强化剂易受光、热、氧气等影响而不稳定，在食品加工过程及贮藏过程中会造成一定数量的损失。因此，在计算强化剂添加数量时，需要将损失的量一并计算在内。最好选择性质稳定的强化剂或添加一些营养强化剂的稳定剂或改进加工、贮藏的方法，尽可能减少强化剂的损失。

做一做

请你根据所学的知识，借助思维导图归纳总结食品配方设计七大步骤的知识要点。

流程 2　完成食品配方设计

以小组为单位，完成一款功能饮料的配方设计，并填写以下表格。

1. 主体骨架设计

流程	原料名称	用量	比例
主体选择			
其他原料选择			
加工工艺			

2. 调色设计

步骤	具体操作
(1)色调的确定	
(2)调色	
(3)考虑色素的稳定性	
(4)进行饮料褪色分析	

3. 调香设计

步骤	具体操作
(1)确定所调香要解决何种问题	
(2)确定调制香精用于哪个工艺环节，考虑挥发性问题	
(3)确定调制的香精香型	
(4)确定产品的档次	
(5)选择合适的香精、香料	
(6)拟定配方及实验流程	
(7)观察并评估效果	

4. 调味设计

步骤	具体操作
(1)甜酸比的确定	
(2)甜酸强度的确定	
(3)调味剂的复配	
(4)进行感官评价分析	

5. 品质改良设计

步骤	具体操作
(1)确定所添加的改良剂要解决何种问题	
(2)确定改良剂用于哪个工艺环节	
(3)确定改良剂的类型	
(4)确定产品的档次	
(5)选择合适的改良剂	
(6)拟定配方及实验流程	
(7)观察并评估效果	

6. 防腐保鲜设计

步骤	具体操作
(1)确定所添加的防腐剂或者保鲜剂要解决何种问题	
(2)确定防腐剂或者保鲜剂用于哪个工艺环节	
(3)确定防腐剂或者保鲜剂的类型	
(4)确定产品的档次	
(5)选择合适的防腐剂或者保鲜剂	
(6)拟定配方及实验流程	
(7)观察并评估效果	

7. 功能营养设计

步骤	具体操作
(1)确定主要设计项目	
(2)确定添加量的依据	
(3)设计评价	

任务三　休闲食品创意实战

【实战目标】

1. 应能激发自我的创新意识。
2. 应能培养塑造自我的创新思维。
3. 应有产品开发和独立创新能力。
4. 应会研制创新休闲食品。
5. 应能提高就业和创业方面的竞争力。

【实战主题】

"健康、美味、营养、便捷"的创意休闲食品。

【基础要求】

1. 设计具有某些优势，如在营养、品质、样式、口感、风味等方面，既能吸引消费者，又能给消费者带来健康益处的创意休闲食品。

2. 产品在结构、性能、材质、配方、工艺及技术特征等方面比市场上现有产品有显著改进和提高，或具有独创性。

3. 产品符合国家规定的食用标准，安全可靠，市场上有消费需求，或对企业来说能降低成本，提高经济效益。

4. 产品要求保质期在三个月以上，原则上不限类型，鼓励创新，不只是简单模仿，而且要适合企业规模生产和市场推广。

【活动流程】

市场产品调研→产品概念产生与评价→提交产品计划书→小试开发产品→产品测试与评价→提交产品报告书→产品展示

1. 市场产品调研

开课第1周，教师下发实战任务，学生利用1～2周时间完成市场调研。

2. 产品概念产生与评价

团队根据调研结果总结分析，筛选确定概念产品并进行可行性评价。

3. 提交产品计划书

在学期中提交作品创意计划书。创意计划书可参考但不局限于附件 3。

4. 小试开发产品

新产品经过反复试验和改进后，可将满意的产品在组内及组间进行小范围测试评鉴。测试未能通过，则应继续进行试验和改进，直到通过评价。

5. 产品测试与评价

新产品小试通过后，对小试样品的货架期稳定性及口味进行测试。最后，由指导老师评价通过。

6. 提交产品报告书

结课前 1 周，需要完成产品报告书的编写及产品展示材料的制作并提交。

7. 产品展示

本课程最后一次课，进行产品展示及汇报答辩。

【任务分工】

学生自行组队，3～5 人一组。实战项目时长 3 个月，时间自行安排。

流程序号	任务环节	时间安排	负责人
1	市场产品调研		
2	产品概念产生与评价		
3	提交产品计划书		
4	小试开发产品		
5	产品测试与评价		
6	提交产品报告书		
7	产品展示		

附件 1　休闲食品创新创意实战规则及说明

扫码领取表格，见数字资源 12-4。

附件 2　休闲食品创新创意产品评审标准

扫码领取表格，见数字资源 12-5。

附件 3　休闲食品创新创意产品计划书模板

扫码领取模板，见数字资源 12-6。

数字资源 12-4

数字资源 12-5

数字资源 12-6

拓展阅读

中国国际大学生创新大赛

中国国际大学生创新大赛是面向全体大学生的一项技能大赛。2024 年，大赛以“我敢闯，我会创”为主题，以“更中国、更国际、更教育、更全面、更创新、更协同”为总体目标，落实立德树人根本任务，传承和弘扬红色基因，聚焦“五育”融合创新创业教育实践，激发青年学生创新创造热情，打造共建共享、融通中外的国际创新盛会，让青春在全面建设社会主义现代化国家的火热实践中绽放绚丽之花。

参考文献

[1] 刘静，邢建华. 食品配方设计 7 步 [M]. 2 版. 北京：化学工业出版社，2012.

[2] 邱宁作. 国家级一流本科课程配套教材 高等学校专业教材 美食鉴赏与食品创新设计 [M]. 北京：中国轻工业出版社，2021.